미용기기학

Beauty Equipment Study

미용기기학

구민사

미용기기학

초판 인쇄	2018년 12월 10일
초판 발행	2018년 12월 17일
지 은 이	이정희 · 문지선 · 이미분
발 행 인	조규백
발 행 처	도서출판 구민사
주 소	(07293) 서울특별시 영등포구 문래북로 116, 604호(문래동3가 46, 트리플렉스)
전 화	(02)701-7421(~2)
팩 스	(02)3273-9642
홈페이지	www.kuhminsa.co.kr
신고번호	제 2012-000055호(1980년 2월 4일)
I S B N	979-11-5813-639-0 (93590)
정 가	18,000원

Preface

외모를 가꾸는 것 또한 경쟁력이 된 요즘, 더욱 아름답고 건강하기 위해 피부과나 피부관리실을 찾는 현대인들이 계속적으로 증가하고 있다. 미용산업의 눈부신 발전과 더불어 미용기기 또한 발전에 발전을 거듭하고 있으며, 미용기기의 기능과 효능에 대한 만족도가 높아지고 있다. 따라서 앞으로도 미용기기를 이용한 아름다움 추구는 그 수요가 계속 증가할 예정이다.

전문미용기기 뿐만 아리라 개인용 혹은 홈 케어용 미용기기를 이용하는 소비자들도 늘고 있다. 이렇듯 미용기기에 대한 관심과 사용이 증가하는 시기에, 성능과 효능이 좋은 기기를 안전하고 위생적으로 다루고, 기기의 원리와 효능을 올바로 알아 전문적인 관리가 이루어진다면 더 효율적인 피부관리를 할 수 있다.

〈미용기기학〉은 일반인들에게는 기기의 원리와 효능을 소개하고 유효물질의 신체 내부로의 침투 과정에 대한 지식을 전달하고, 전문 미용인에게는 기기를 다루는 기술과 테크닉까지 연마할 수 있도록 학교와 관리샵, 병원에서 가장 많이 사용되고 있는 미용기기를 중심으로 학습할 수 있도록 구성하였다. 전문 미용인을 꿈꾸는 학생들에게 조금 더 쉽고 재미있게 미용기기를 접할 수 있기를 기대하는 저자들의 마음이 이 교재에 오롯이 잘 담겼기를 바라며 학습에 많은 도움이 되기를 바란다.

끝으로 이 책의 출판을 위해 적극적으로 후원해주신 도서출판 구민사 조규백 대표님과 직원 여러분께 깊은 감사를 드린다.

저자 일동

Contents

PART 02 기기관리를 위한 기초 과학

PART 03 피부미용기기

PART 04 메디컬 피부미용기기

PART 01

기기관리를 위한 기초 인체 생리

01 chapter 세포의 구조 및 기능

세포는 모든 생명체의 구조적 · 기능적 단위이며 동시에 모든 조직과 기관을 만든다. 세포들은 근육, 결합, 신경, 상피세포 등의 주요 기능상 및 형태상 네 가지 세포 범주에 속한다. 세포는 진핵세포(eukaryotic cell)와 원핵세포(prokaryotic cell) 두 종류로 구별되며, 우리 몸의 세포는 다른 다세포 생물인 동물과 식물처럼 핵을 지닌 진핵세포이다. 원핵세포는 세균과 같은 막구조를 가지고 있지 않다.

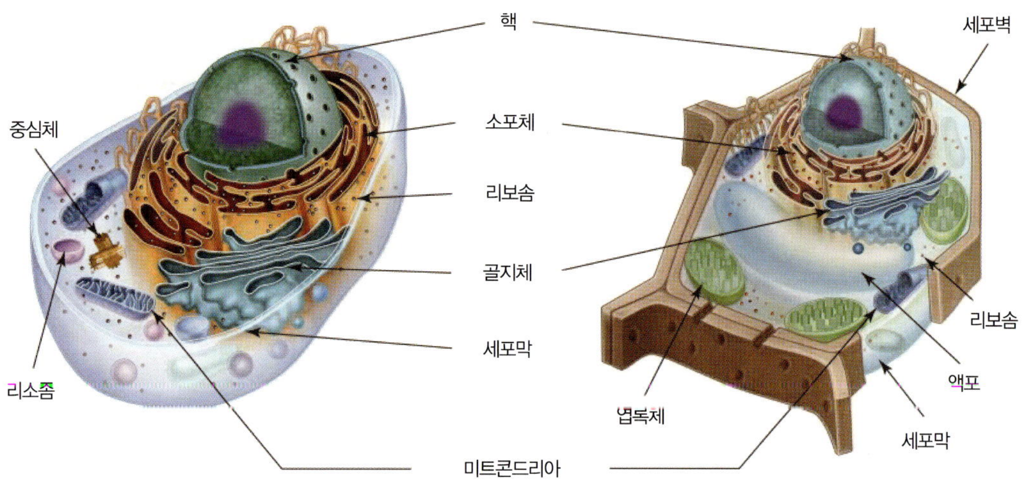

▲ 동물 세포

▲ 식물 세포

세포는 원형질막(plasma membrane)으로 이루어져 있으며 세포외액과 세포내액으로 구분한다. 세포 내부는 막으로 둘러싸여 있는 다수 구획(compartment)물로 나누어져 있다. 이러한 막성 구획(compartment)물과 입자 및 섬유들을 세포소기관(cell organelle)이라고 한다. 세포 내부에는 두 개의 중요한 성분인 핵과 세포질이 있다. 유전정보를 가지고 있는 막으로 둘러싸인 구조로 핵(nuclear)이 있으며, 세포질은 핵을 제외한 세포 내 모든 것을 포함한다. 세포질은 세포기질(cytosol)과 세포소기관(cell organelle) 두 가지 주요 성분으로 구성되어 있다.

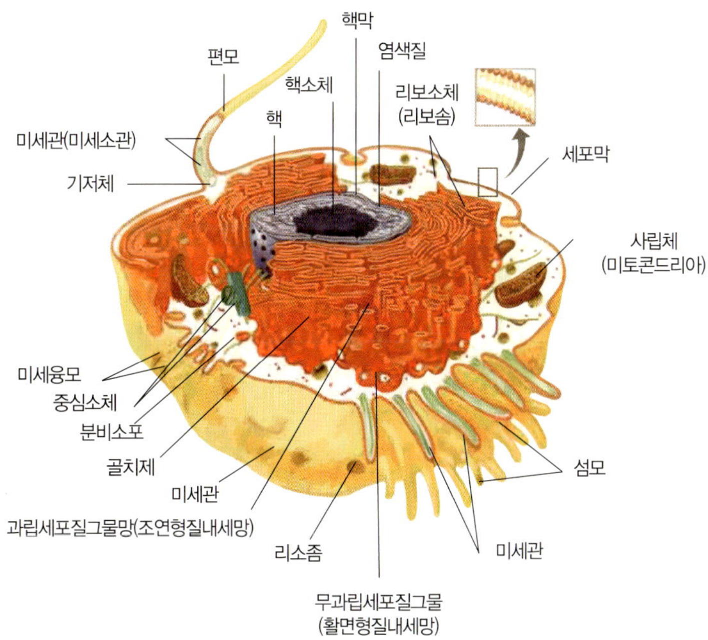

▲ 동물 세포

01 / 막

막은 세포에서 주된 구조적 요소를 형성한다. 원형질막(plasma membrane)은 세포 내외로 물질 출입을 조절하며, 세포소기관을 둘러싼 막은 세포소기관과 세포기질 사이의 물질의 선택적 이동에 관여한다. 막을 통한 분자의 이동을 제한하는 것의 이점 중 하나는 특정 세포소기관에 화학반응의 산물을 가두어 둘 수 있는 것이다. 막에 의해 이루어지는 물질 이동의 장애는 여러 가지 신호에 반응하여 막을 통과하는 분자나 이온의 출입을 증가 또는 감소하도록 변경할 수 있다.

❶ 원형질막(plasma membrane)의 기능

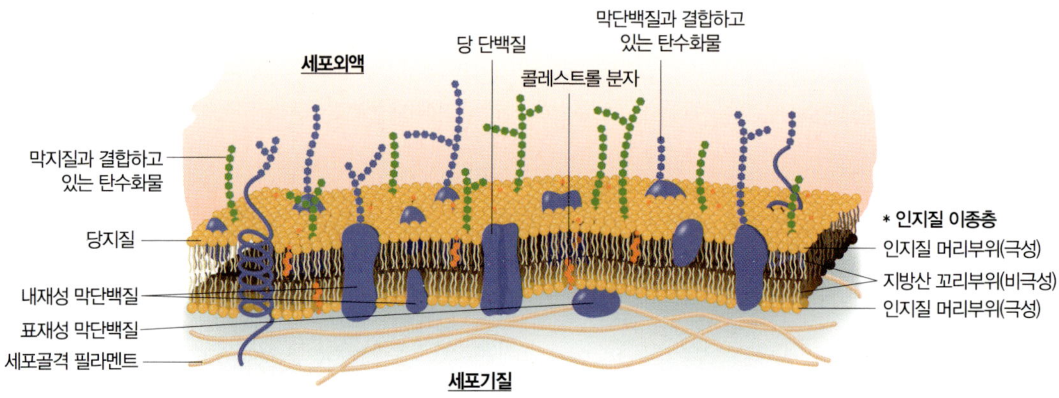

▲ 원형질막(Plasma membrane)

㉠ 세포 내외, 세포소기관과 세포기질 사이로 물질의 이동을 조절

㉡ 세포 표면에 도달하는 화학정도의 검출

㉢ 막 연접에 의한 입접 세포들 간의 연결

㉣ 세포외 기질(extracellular matrix, ECM)에 세포를 고착

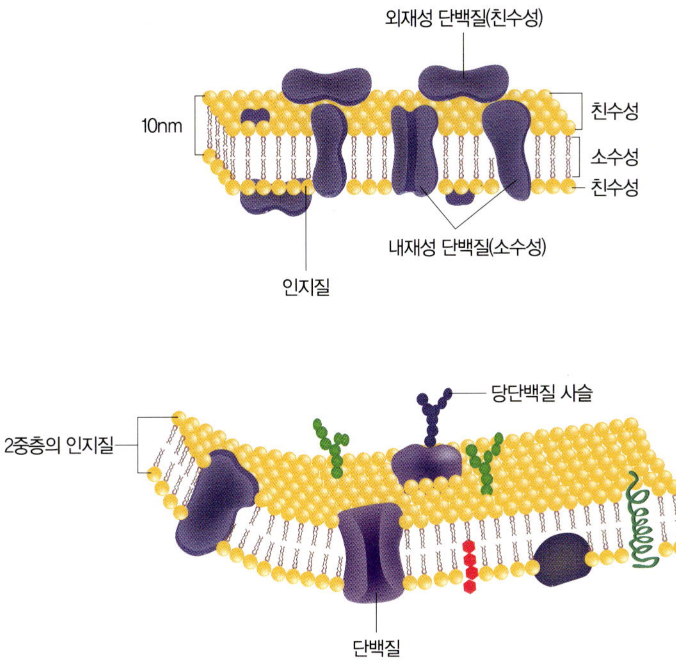

▲ 유동모자이크막 구조 모형도

02 / 세포소기관(cell organelle)

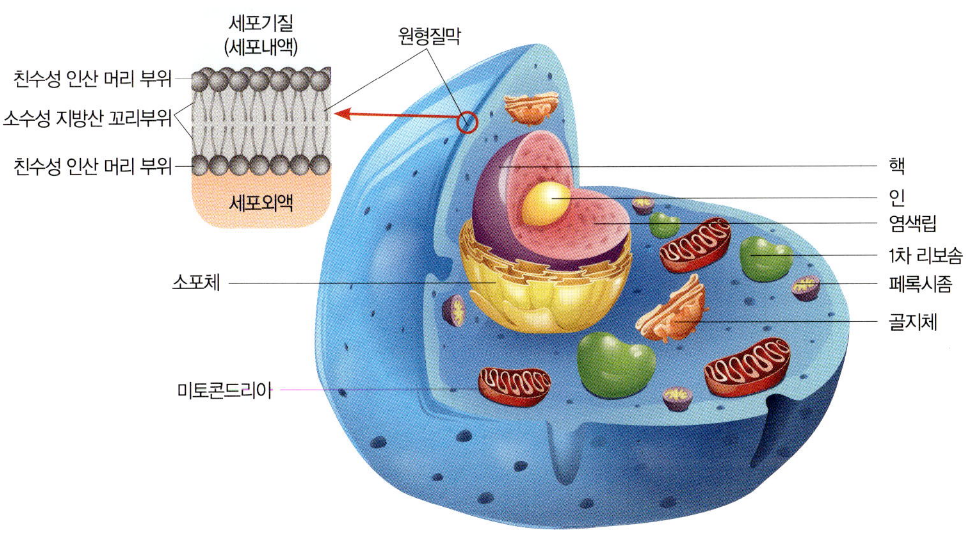

▲ 전형적인 세포의 구조

1. 핵(nuclear)

원형 또는 타원형으로 세포 중앙에 있으며, 2개의 막으로 된 핵막에 의해 둘러싸여 있다. 대부분 세포에는 유전물질인 DNA를 가지고 있는 한 개의 핵이 있다. 핵은 DNA의 형태로 유전정보를 저장하고 전달하는 기능이 있으며, 유전정보는 핵에서 세포질로 전달되고, 세포질에서 아미노산이 조립되어 단백질이 되는 형태이다. 핵은 핵막(nuclear envelope)인 두 겹의 막으로 싸여 있다. 핵은 단백질 합성에서 DNA와 RNA의 매우 중요한 역할을 하며, 유전정보의 전달과 발현의 기능을 수행한다.

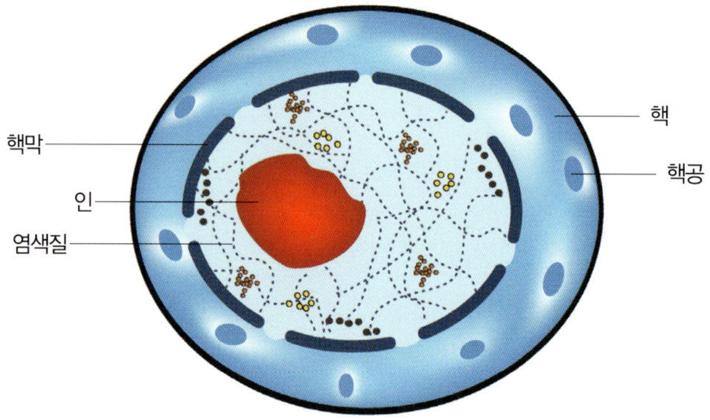

▲ 핵(Nuclear)

2. 리보솜(ribosome)

세포의 단백질 생산 공장으로, 핵의 DNA로부터 만들어진 mRNA 분자를 가진 유전정보에 따라 리보솜에서 아미노산으로부터 단백질이 리보솜은 다른 세포 소기관과 달리 막으로 둘러싸여 있지 않다.

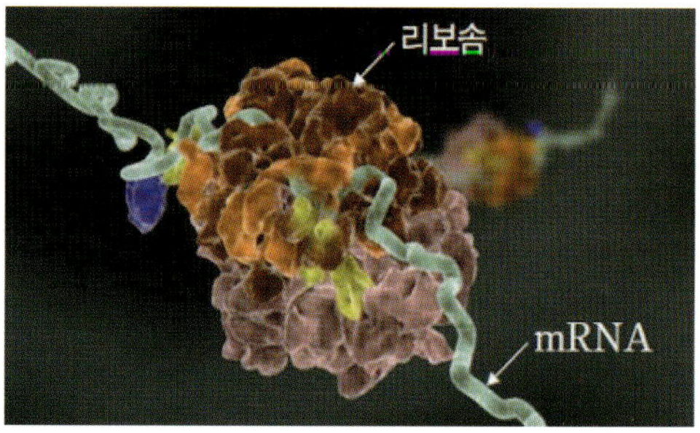

3. 소포체(endoplasmic reticulum, ER)

세포질의 소기관 중 가장 광범위하게 분포하며 네트워크를 이룬 것이 소포체이다. 소포체는 정교한 그물 모양의 막으로 이루어져 있으며, 네트워크를 통하여 연결된 하나의 공간을 싸고 있다. 여러 가지 생체분자의 합성에 중요한 역할을 하며, 입자를 지닌 조면소포체와 입자를 지니지 않은 활면소포체로 나뉜다.

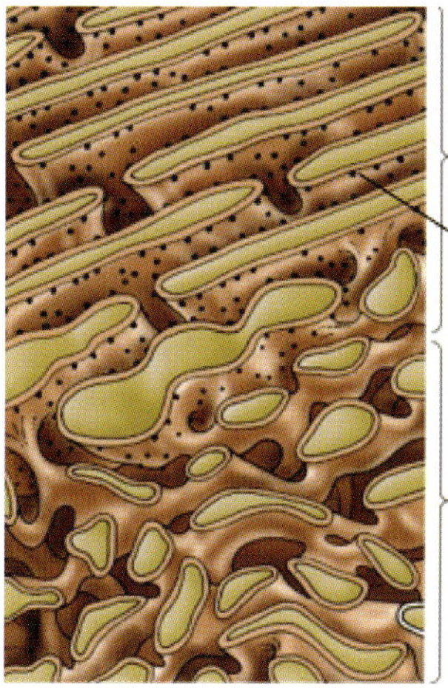

4. 골지체(golgi apparatus)

촘촘히 맞대고 있는 일련의 납작한 막성 주머니로, 편평한 낭으로 이루어져 있다. 골지체는 소포체에서 합성된 단백질을 처리하여 최종 목적지로 이동할 수 있도록 준비하는 곳이다. 예를 들어, 특정한 내분비샘 세포에서 볼 수 있는데, 이곳에서 단백질호르몬을 세포외액으로 방출하여 다른 세포들의 활성을 조절한다.

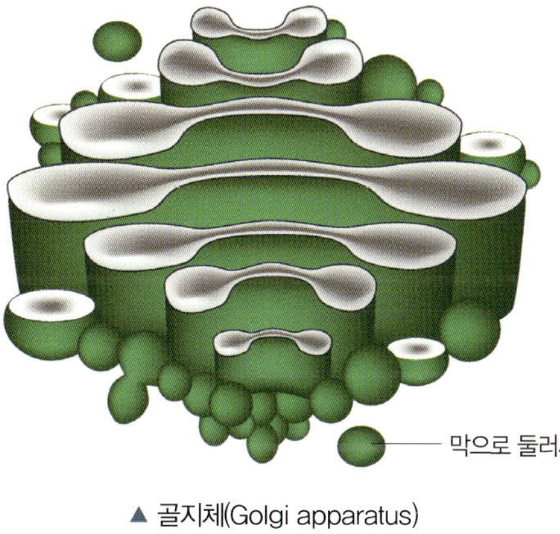

▲ 골지체(Golgi apparatus)

5. 미토콘드리아(mitochondria)

주로 세포에 필요한 에너지를 아데노신 3인산(adenosine triphosphate, ATP) 분자의 형태로 만드는 화학공정이다. 세포가 만드는 ATP의 대부분은 미토콘드리아에서 세포호흡 과정에 의해 만들어지는 데 산소를 사용하고 이산화탄소와 물과 열을 배출하는 역할을 한다.

6. 리소좀(lysosome)

구형 또는 타원형인 소기관으로서, 하나의 막에 의해 둘러싸여 있다. 매우 작은 소기관인 리소좀은 단백질 합성에서 기능하는 rRNA와 단백질로 이루어진 조밀한 과립으로 이루어져 있다. 전형적인 세포에는 수백 개 정도의 리소좀이 있으며, 리소좀 내의 용액은 산성이다. 다양한 소화효소를 지니고 있고, 세균과 세포가 잡아먹은 죽은 세포의 찌꺼기를 파괴하는 역할을 한다. 이들은 손상되었거나 더 이상 정상 기능을 하지 못하는 세포소기관도 분해할 수 있으며, 체내 방어 체계를 구성하는 다양한 세포에서 특히 중요한 역할을 한다.

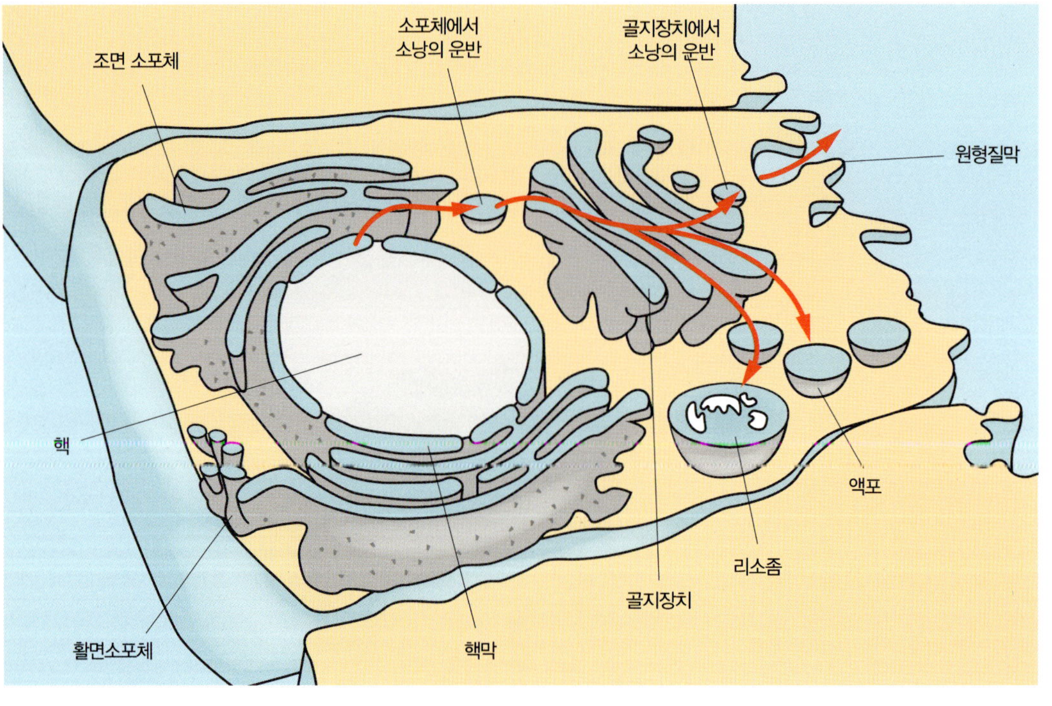

▲ 세포 내 물질의 이동

03 / 세포막을 통한 물질 이동

세포막을 통과하는 분자는 지질이중층을 통과하는 단순확산이나 매개체 수송에 의해 이동하는데, 매개체 수송에는 특수한 수송 단백질이 관여한다.

1. 확산(diffusion)

확산이란 분자들이 한 장소에서 다른 장소로 무작위적인 열운동에 의해 이동하는 것이다. 예를 들어, 용액의 한 곳에서 농축되어 있던 분자들은 임의적인 열운동에 의해 농도가 높은 지역으로부터 낮은 지역으로 순 확산이 일어난다. 얼마 후 분자들은 용액 전체에 균일하게 분포하게 된다. 두 구획 사이의 순 유량은 항상 고농도에서 저농도로 진행된다. 확산 평형은 확산하는 물질의 농도가 두 구획에서 같아질 때 도달한다. 분자가 작을수록, 온도가 높을수록 확산속도가 빠르다.

▲ Diffusion

세포막을 통한 확산에는 단순확산과 촉진확산이 있으며, 단순확산에 의한 이동은 물, 이산화탄소, 산소 등이 있고, 촉진확산에 의한 이동에는 포도당이나 아미노산과 같은 큰 분자들이 단백질운반체에 의해 이동된다.

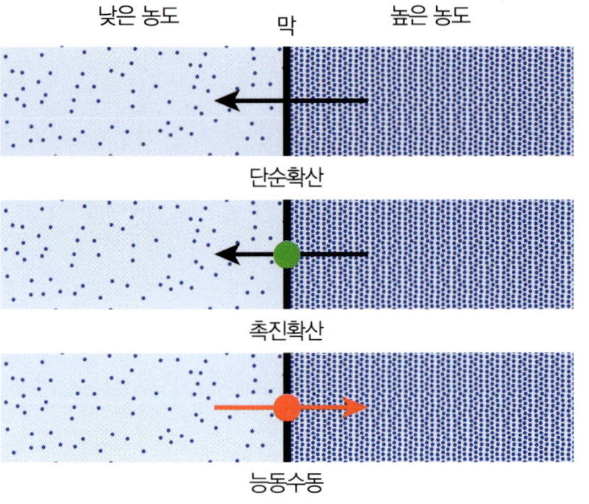

여러 가지 수송 방법에 의한 막을 통한 용질의 순 이동 방향 – 단순확산(고농도에서 저농도), 촉진확산(고농도에서 저농도), 능동수송(저농도에서 고농도), 색칠한 원은 운반체 분자들을 뜻한다.

2. 삼투(osmosis)

삼투란 물의 농도가 높은 쪽에서 낮은 쪽으로 막을 통해 확산하는 현상으로 막을 통한 물의 이동은 세포의 부피뿐만 아니라, 액의 분비 및 흡수에도 영향을 미친다. 수용액에 들어 있는 전체 용질의 농도는 물의 농도를 결정하며, 용액의 삼투 농도가 높을수록 물의 농도는 낮아진다. 물은 통과시키거나 용질은 통과시키지 않는 막을 통한 삼투에 의해 처음에 삼투 농도가 높았던 쪽에 있는 구획의 부피는 증가하고, 처음 삼투 농도가 낮았던 쪽 구획의 부피는 감소한다.

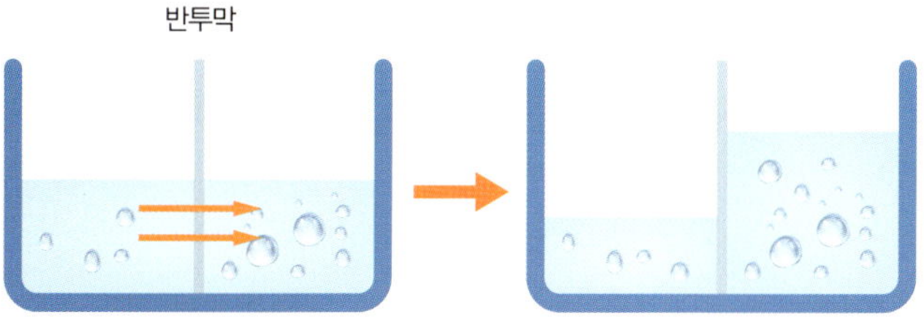

출처 : 물 정보 포탈
http://www.water.co.kr

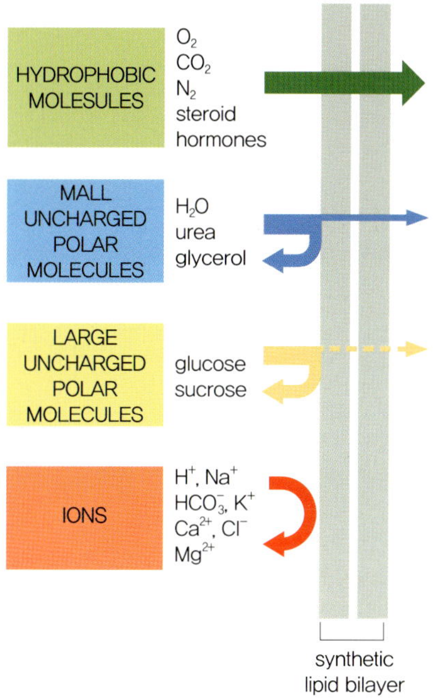

세포막을 가로질러 형성되는 전하의 분리(막 전위)는 양이온(+)들을 세포 안으로 밀어넣고 음이온(-)들은 세포 밖으로 밀어내는 전기적 힘을 제공한다.

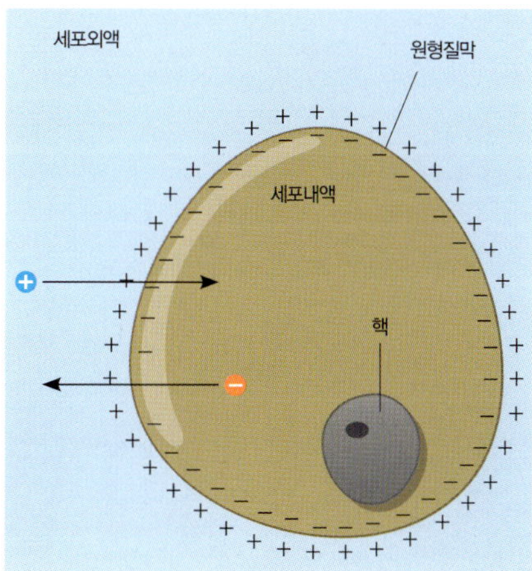

3. 능동수송(active transport)

능동수송은 막을 가로지르는 전기화학적 기울기에 역행하여 분자가 이동하는 매개성 수송이다. 이 과정에서는 운반체와 에너지가 필요하다. 능동수송에는 1형 및 2형 두 가지 기본적인 형태가 있다. 1형 능동수송은 아데노신 3인산이나 다른 화학 에너지원을 이용하며, 2형 능동수송은 한 물질의 전기화학적 구배를 다른 물질의 능동수송을 추진하는 에너지원으로 사용하며, 나트륨이온(주로 Na+)이 운반체에 결합하는 것을 이용하여 물질을 능동수송한다. 능동적으로 수송되는 물질에서 수송 속도는 각 능동수송체가 물질을 이동하는 속도와 막에 있는 능동수동체의 수에 의해 결정된다.

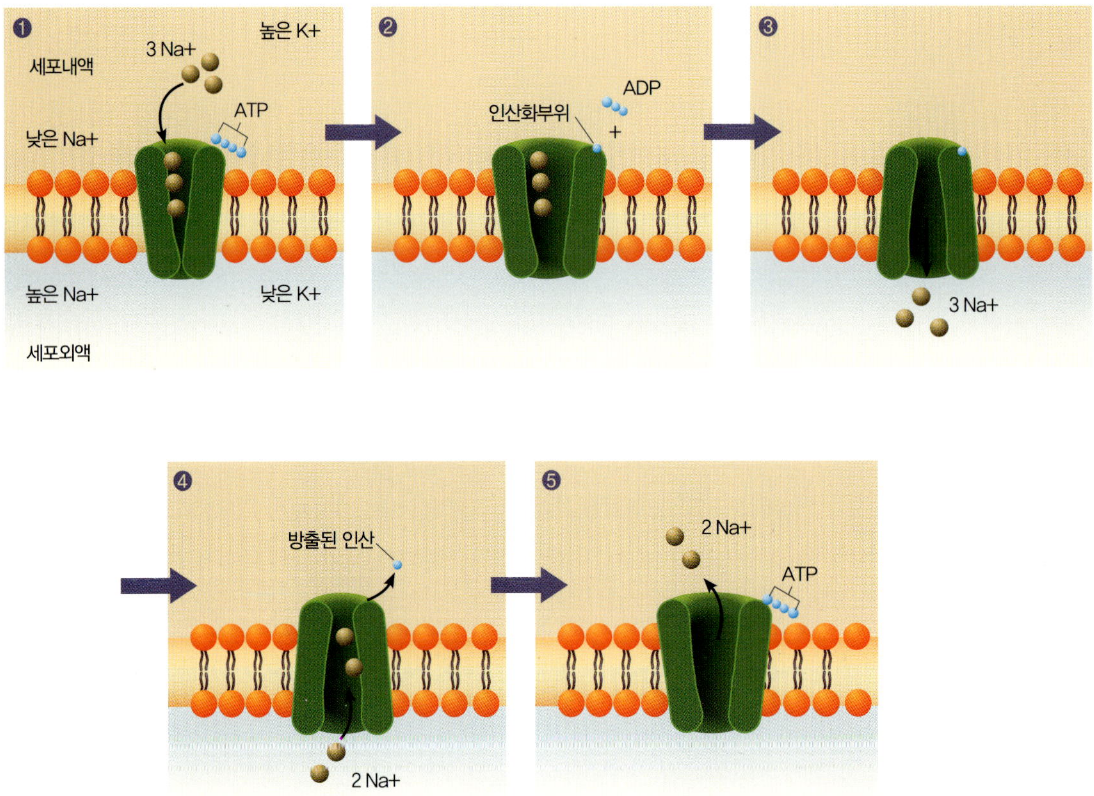

▲ Na^+/K^+–ATP 가수분해효소 펌프에 대한 Na^+과 K^+의 능동 수송

02 chapter

신경의 구조 및 기능

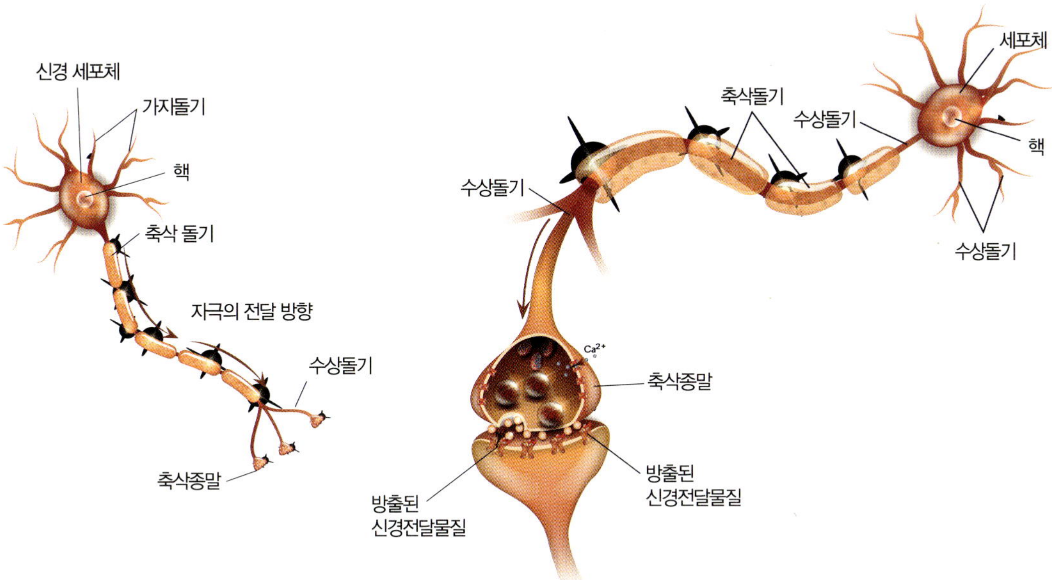

▲ 신경세포의 구조

01 / 신경계의 세포들

신경계에는 뉴런과 신경아교세포의 두 주요 세포가 있다. 신경계에서 뉴런은 기능적 단위(functional unit)다. 기능적 단위란 한 조직의 기능을 수행할 수 있는 최소한의 단위를 말한다. 뉴런은 전기 충격(전기 자극)을 전달함으로써 의사소통을 하는 흥분성 세포(excitable cell)이며, 흥분성 세포는 활동전위(action potential)라고 하는 크고 빠른 전기신호를 만들어낼 수 있는 세포로 정의된다.

뉴런은 세포체(cell body, soma), 가지돌기(dendrite), 축삭(axon)이 있다. 세포체는 세포의 핵과 소포제(endoplasmic reticulum), 골지체(golgi body), 대부분의 자유 리보솜을 포함하며, 가지돌기(dendrite)는 세포체에서 나온 가지들로서, 시냅스(synapse)라고 하는 특별한 세포이음에서 다른 뉴런으로부터 입력을 받는다. 축삭(axon)은 신경섬유(nerve fiber)라고 하며, 정보를 받는 가지돌기와 달리 축삭은 정보를 보내는 역할을 한다. 단백질 합성과 세포의 물질대사와 같은 다른 세포들의 기능들 대부분을 수행한다.

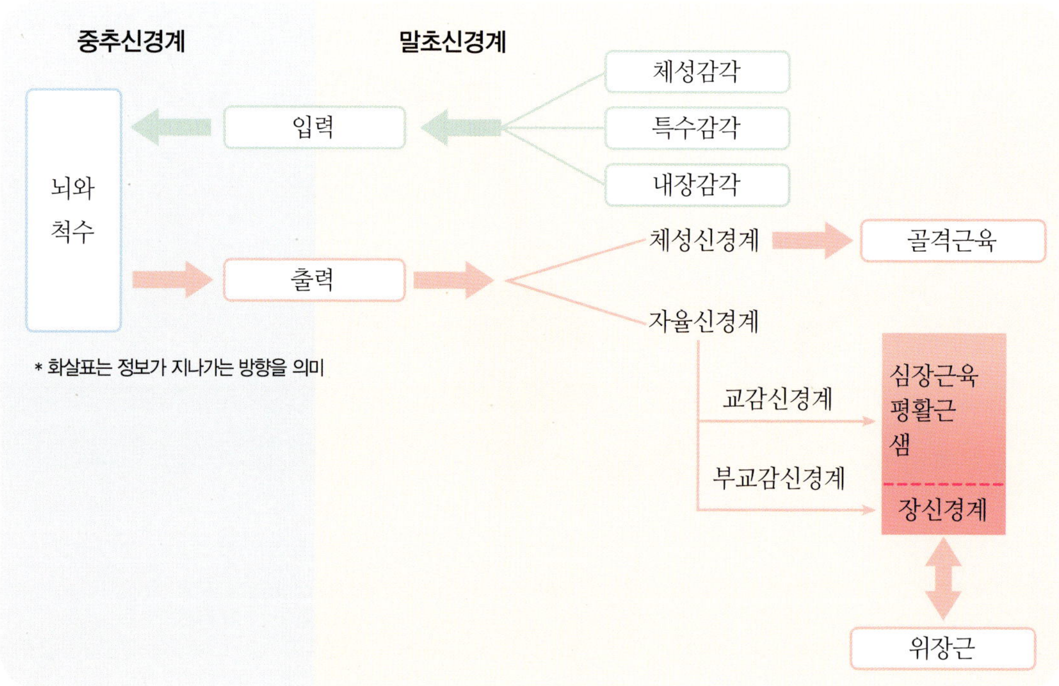

▲ 신경계의 구성

02 / 안정막전위(resting membrane potential)의 생성

안정 상태에서 세포에는 세포막을 가로질러 막전위가 형성되어 있는데, 세포 내부는 외부에 비하여 전기적으로 음성이다. 이 전위차를 안정막전위라고 부르는데 이는 세포가 어떠한 신호를 받지도 전달하지도 않는 안정 상태에 있기 때문이다. 뉴런들은 막전위 변화들의 형태로 전기신호들을 발생시킴으로써 의사소통한다. 막전위가 존재하는 이유는 전기화학적 추진력이 칼슘이온을 세포 밖으로 배출시키고 나트륨이온을 세포 안으로 유입시키며 칼륨에 대한 투과성이 크기 때문이다. 안정막전위는 칼륨 평형전위에 가깝고 Na^{+}/K^{+} 펌프에 의하여 유지된다.

03 / 막전위 변화를 통한 전기신호 표시

활동전위는 원형질막이 빠르게 탈분극하는 것으로서, 축삭을 따라 유발영역에서 축삭종말로 전파된다. 활동전위의 빠른 탈분극 단계는 나트륨 통로가 열려 나트륨이온이 세포 내로 이동하기 때문에 생긴다. 재분극 단계에는 나트륨 통로가 닫히고 칼륨 통로가 열려 칼륨이 세포 밖으로 나가기 때문에 생긴다.

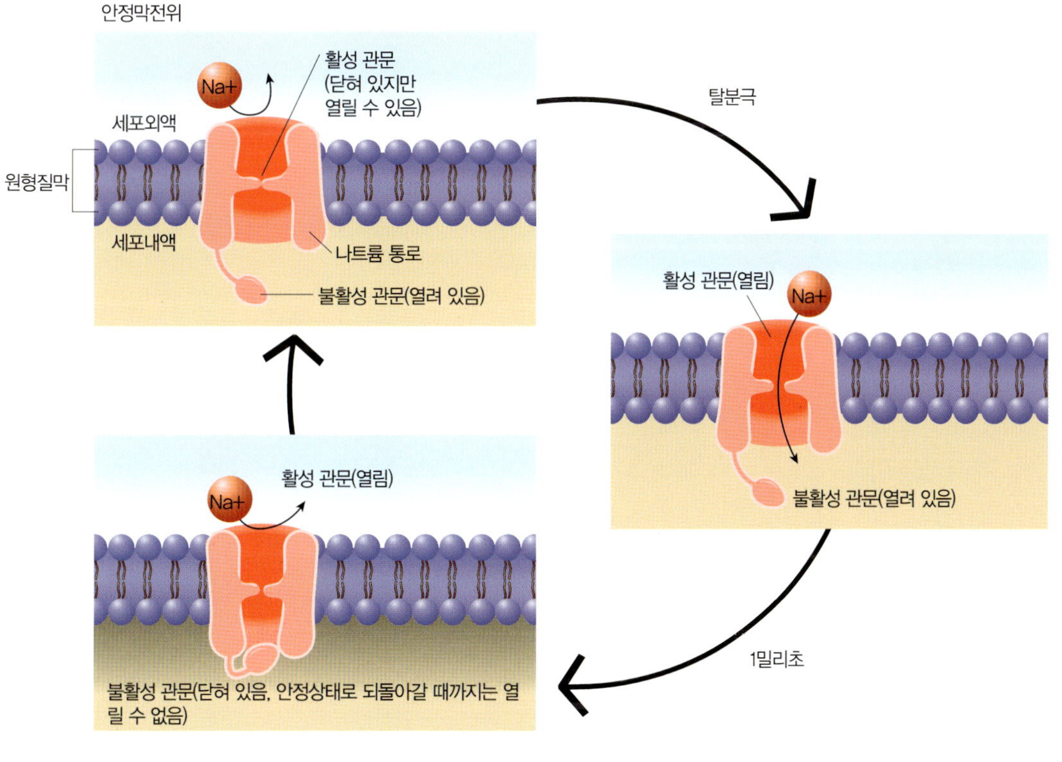

▲ 막전위의 변화에 반응하여 모두가 열리고 닫히는데, 이 두 관문의 사이에 따라 나트륨 통로는 위의 그림과 같이 3가지 형태로 존재한다.

04 / 신경 안정성의 유지

Na^+/K^+ 펌프는 나트륨과 칼륨의 농도기울기(concentration gradient)를 안정시킴으로써 막전위를 형성하는 화학기울기를 만들어낸다. Na^+/K^+ 펌프는 막을 통과했던 나트륨과 칼륨이온들을 되돌림으로써 농도기울기가 사라지는 것을 막기도 한다.

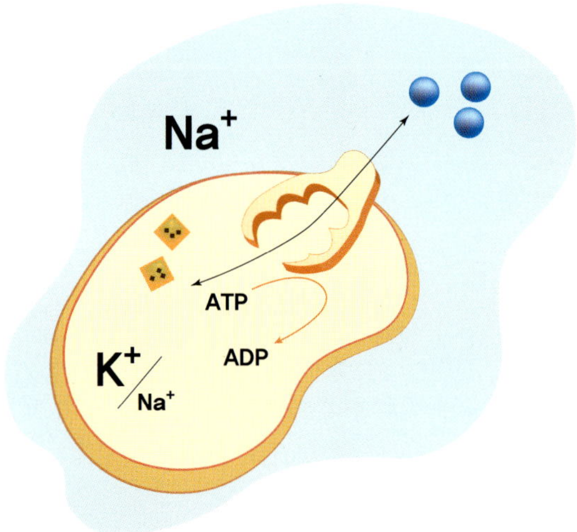

03 chapter 근육의 구조 및 기능

근육조직은 구조, 수축 특성, 조절기작에 따라 골격근(skeletal muscle), 평활근(smooth muscle), 심근(cardiac muscle)의 세 유형으로 나눌 수 있다. 골격근은 뼈에 부착되어 골격을 움직이고 지탱하며, 평활근은 내강과 관을 둘러싸고 있고, 심근은 심장의 근육이다. 화학에너지로 힘과 움직임을 만들어내는 능력이 대부분 세포에서 제한적이지만 근육세포에서 이 능력은 매우 뛰어나다.

01 / 골격근(skeletal muscle)의 구조

긴 근섬유들로 구성된 골격근은 근육의 각 끝에 있는 힘들에 의하여 뼈와 연결되어 있다. 골격근 섬유는 근원섬유(myofibril) 내에서 가는 필라멘트(thin filaments)와 굵은 필라멘트(thick filaments)의 규칙적인 배열에 의하여 암대(A band)와 명대(I band)의 가로무늬가 반복된 패턴을 지닌다. 가는 필라멘트와 굵은 필라멘트는 각각 수축성 단백질인 미오신(myosin)과 액틴(actin)을 갖고 있다. 미오신 분자의 교차다리(교차결합, cross bridge)는 수축을 일으키는 운동을 발생하는 데 필요하며 두 가지의 중요한 부위, 즉 액틴 결합 부위(actin-binding site)와 ATP(adenosine triphosphate) 분해효소 부위를 갖고 있다. 다수의 긴 세포(근섬유, muscle fiber)를 포함하고 있어 ATP 가수분해로부터 나오는 에너지를 이용하여 수축력을 발생한다.

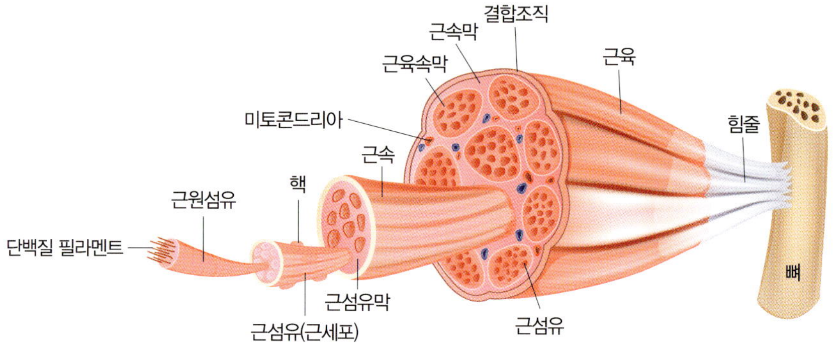

▲ 골격근(skeletal muscle)의 구조

02 / 근육의 힘 발생 기작

근육이 수축할 때 굵은 필라멘트와 가는 필라멘트는 서로를 지나 활주하며, 이러한 활주는 교차결합 주기에 의해 움직이고 교차다리의 운동은 인접한 가는 필라멘트 내 액틴분자와 주기적으로 붙었다 떨어졌다 하는 것과 연결되어 있다. 골격근세포에서 각 섬유는 하나의 운동뉴런(motor neurons)으로부터 압력을 받는데, 운동뉴런은 분지되어 하나 이상의 근섬유에 대해 신경지배를 한다. 운동뉴런의 활동전위는 아세틸콜린(acetylcholine)의 방출을 일으키고 근섬유의 운동종판에 있는 수용체에 아세틸콜린이 결합한다. 그 결과 전기적 신호(탈분극, end plate potential, 종판전위)는 근섬유막의 활동전위를 일으킨다.

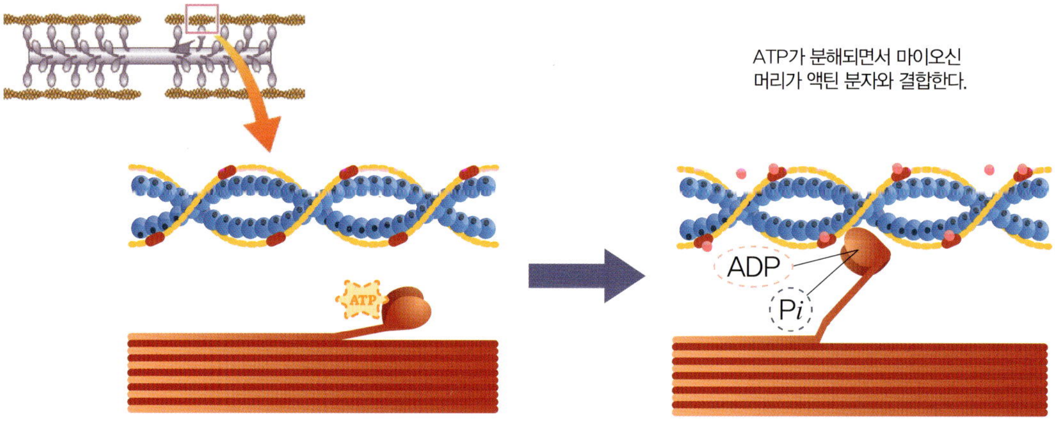

03 / 골격근 대사

근육은 초기 ATP공급원으로 크레아틴인산(Creatine phosphate)을 이용하며, 골격근은 여러 형태의 섬유를 다양한 비율로 포함하고 있다.

04 / 골격근 활동의 조절

골격근은 일반적으로 관절을 사이에 두고 길항작용을 하는 근육쌍으로 배열되어 있다. 관절운동은 일반적으로 어떤 근육집단은 협동근은 수축하고 그 길항근육은 이완하면서 이루어진다. 근육 활동의 조절은 근방추체와 골지힘줄기관으로부터 중추신경계로의 피드백에 의존한다.

마이오신 머리가 굽어져 액틴필라멘트를 근육 원섬유 마디 중앙 부위로 끌어당긴다.

마이오신 머리가 ATP와 결합하여 액틴에서 떨어져 새로운 근수축 과정이 시작된다.

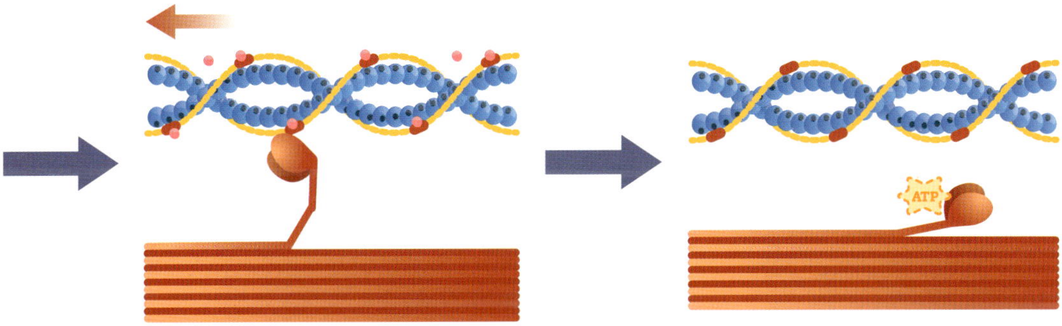

◦ 골격근섬유(skeletal muscle fiber)의 구조

신경근육 접합부

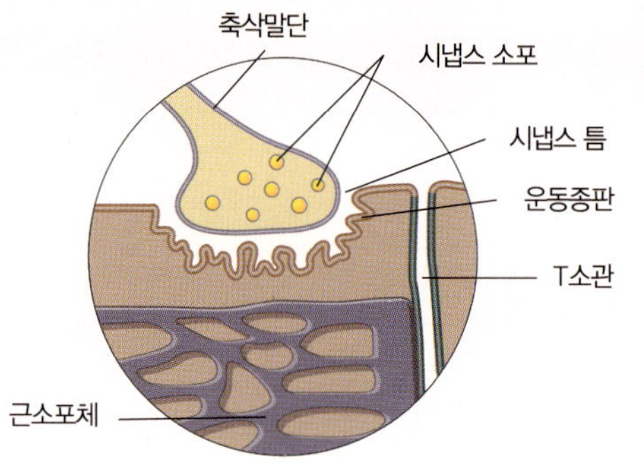

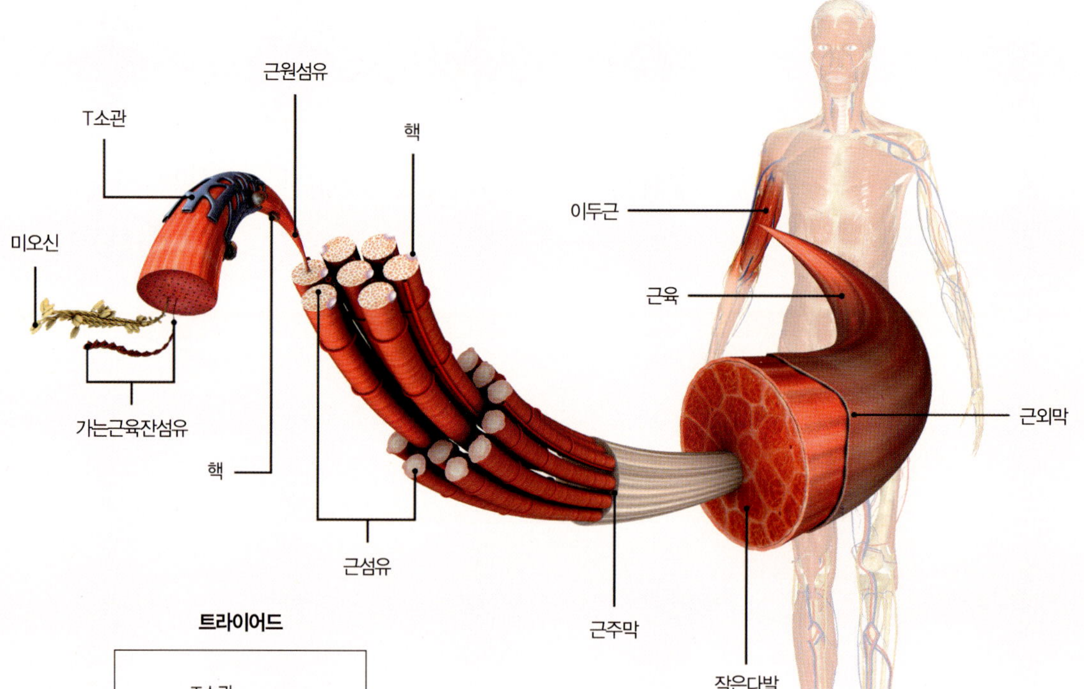

트라이오드

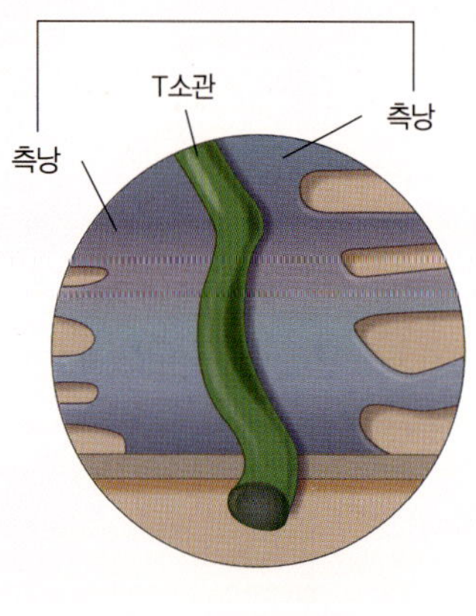

05 / 평활근과 심근

평활근은 내장 및 수의적으로 조절되지 않는 기관에서 발견되며 자율뉴런에 의해 조절된다. 골격근처럼, 평활근도 액틴 필라멘트와 미오신 필라멘트 간의 가교운동을 사용하여 힘을 발생시키고 칼슘이온을 사용하여 가교의 활성을 조절한다. 수축은 칼슘이온이 미오신인산화효소를 활성화하는 칼모듀린(calmodulin)에 결합함으로써 일어나 결국 미오신교차다리가 인산화된다. 평활근은 자율신경인 교감신경과 부교감신경에 의해 조절되며, 효과는 흥분성 또는 억제성이다.

심근은 골격근과 평활근의 특성들을 조합하여 가지며, 심근은 골격근처럼 미오신을 포함하는 굵은 필라멘트들이 액틴을 포함하고 있는 가는 필라멘트와 섞여 구성된 근절(sarcomere)들이 규칙적으로 반복되기 때문에 가로무늬를 가지고 있다. 심근의 수축과 활동전위는 오래 지속되고, 강축(tetanus)은 일어나지 않으며, 수축(contraction)의 세기와 빈도는 자율신경계의 신경전달물질과 호르몬에 의하여 조절된다.

◦ 골격근섬유(skeletal muscle fiber)의 구성성분 및 구조

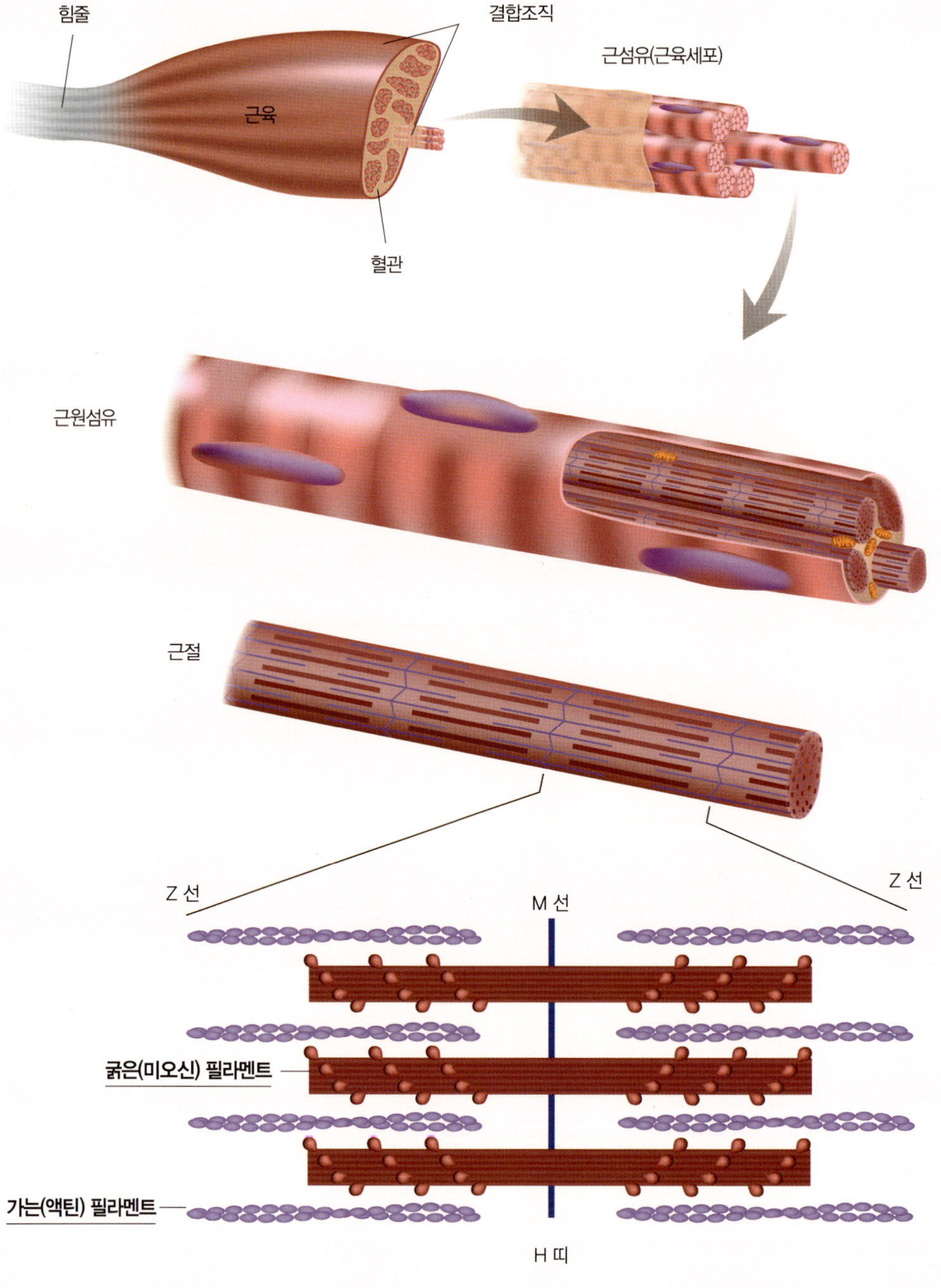

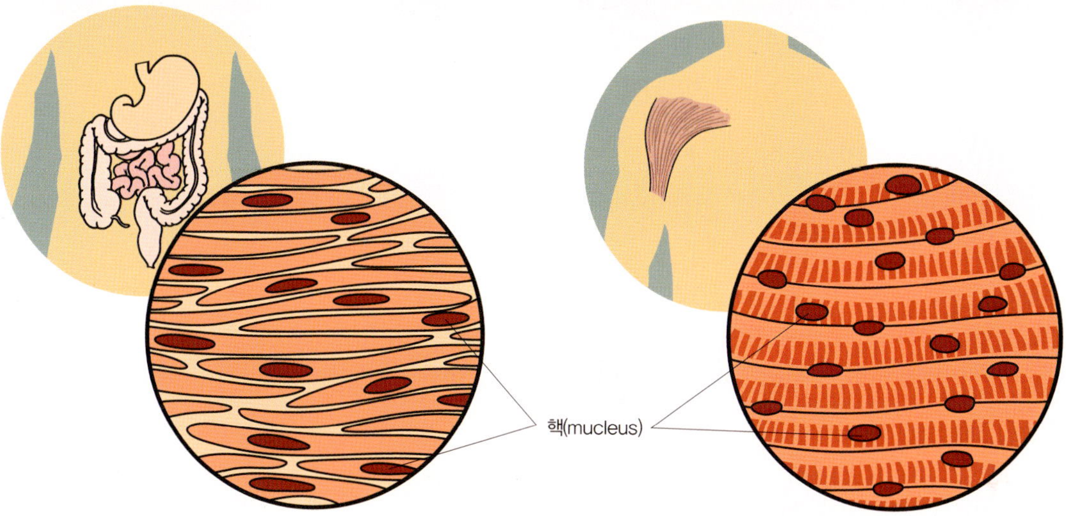

A. 민무늬근육

B. 골격근육

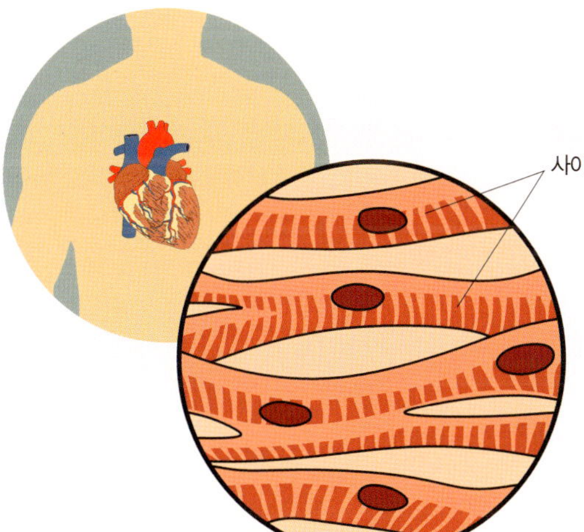

C. 골격근육

PART 02

기기관리를 위한 기초 과학

01 chapter

전기

01 / 전기의 발생

전기(電氣, electricity)란 전자가 한 원자에서 다른 원자로 이동하는 현상으로, 전하의 존재 및 흐름과 관련된 물리현상들의 총체이다. 전기는 번개, 정전기, 전자기 유도, 전류 등 일상적인 효과들의 원인이다. 또한 전기는 전파 따위의 전자기 복사를 발산하고 또한 수집할 수 있다. 전기는 (-)극에서 (+)극으로 이동한다. 물체가 마찰하게 되면 전기가 발생하고 이때 서로 다른 물체를 끌어당기는 힘이 생긴다.

전기는 다음과 같은 다양한 형태로 나타난다.

1. 전하(electric charge)

어떤 물질이 갖고 있는 전기의 양을 말하며, 전기현상을 일으키는 주체적인 원인이다. 전하가 대전된 물질은 전자기장을 만들어내고, 또한 전자기장의 영향을 받는다. 전하에는 (+) 성질이 있는 양전하와 (-) 성질이 있는 음전하가 있다. 음전하를 전자라고도 하며, 전자가 한 방향으로 이동하면 '전기가 흐른다'고 한다. 특히 공간에 있는 가상의 점이 갖는 전하를 점전하라고 하고, 전하의 양을 전하량이라고 한다. 전하의 국제 단위는 쿨롱이며, 기호는 C이다.

2. 전기장(electric field)

전기를 띤 물체 주위의 전기 작용이 존재하는 공간을 말한다. 전하들은 전기장에 둘러싸여 있다. 전기장은 다른 전하에 가해지는 힘을 생성한다. 전기장의 변화는 광속으로 전달된다.

3. 전위(electric potential)

전기장이 전하에게 일을 하는 능력으로, 전기적인 위치에너지를 말하며 전압과 비슷한 개념이다. 단위는 볼트(V)이다.

4. 전류(electric current)

전기의 흐름을 말한다. 전하가 대전된 입자들의 운동 또는 흐름을 전류라고 하며, 단위는 암페어(A)이다.

5. 전자석(electromagnet)

철심에 코일을 감고 코일에 전류를 흘리게 되면 철심이 자성을 띠게 되는 것을 전자석이라고 한다. 움직이는 전하는 자기장을 만들어낸다. 전류도 자기장을 만들어낸다. 그리고 자기장의 변화는 전류를 만들어낸다.

6. 전기 회로

전기가 흐를 수 있도록 전원과 함께 설치된 닫힌 회로다. 회로에는 저항기, 축전기, 코일 등 다양한 전기적 소자가 전기 전도체인 전선에 의해 연결된다.

7. 전력(electric power)

전기에너지의 힘을 말한다. 전류를 이용해 에너지를 공급한다.

8. 전자기파(electromagnetic wave)

특정 전자기적인 과정에 의해 복사되는 에너지이다. 가시광선도 전자기파에 속하며 전파, 적외선, 자외선, X선 같은 전자기파들은 우리 눈에 보이지 않는다. 고전 역학에서 전자기복사는 동시에 진동하는 전기장과 자기장으로 구성된 전자기파로 이루어진다. 또한 이들은 진공에서 빛의 속력으로 전달된다. 두 장의 진동은 서로 수직이며 진행 방향에 수직이고 횡파이다. 전자기파는 진동수가 크거나 작은 순서대로 전자기파 스펙트럼을 형성하는데 여기에 라디오파, 마이크로파, 적외선, 가시광선, 자외선, X선, 감마선이 포함된다.

원자	전하	이온
• 물질을 구성하는 최소단위 • 원자핵(양성자, 중성자), 전자로 구성 • 전자는 핵 주위를 돌고 있다.	물질을 구성하는 입자가 띠고 있는 전기	• 양이온 : 원자가 전자를 잃어버려 양(+)전하를 띤다. • 음이온 : 원자가 양전자를 받아들여 음(–)전하를 띤다.

원자핵은 (+)전하를 띠는 양성자가 있고 이 양성자들은 같은 전하를 띠기 때문에 양성자들 사이에서 같은 극끼리 밀어내는 척력이 발생하게 된다. 만약 척력이 발생하게 된다면 원자핵은 깨지게 되는데 이를 방지하기 위해 중성자라는 전하를 띠지 않은 입자가 들어 있어 원자핵의 모형을 유지시켜 주는 역할을 하고 있다. 그런 원자핵 주위를 (-)전하를 띠는 전자들이 운동하고 있다. 이런 이유로 원자들은 양성자의 수와 전자의 수가 같아서 전기적으로 중성이다. 원자가 전자를 잃거나 얻어서 전기적인 성질을 띠게 되는 입자를 이온이라 하며, 이온에는 양이온과 음이온이 있다.

02 / 전도체와 비전도체

전도체란 금, 은 등의 금속, 물에 용해된 소금, 인체 등 전류가 잘 통하는 물질을 말하며, 비전도체는 유리나 고무와 같이 저항이 커서 전류가 잘 통하지 않는 물질을 말한다.

03 / 전류의 방향과 세기

전류와 전자의 이동 방향은 반대이며 전류는 (+)극에서 (-)극으로 흐른다.

전류의 방향	• 전류는 도선을 따라 전지의 (+) → (-)극으로 흐른다. • 전자의 이동 방향은 도선을 따라 전지의 (-)극 → (+)극으로 흐른다. • 전자의 이동 방향과 전류의 이동 방향은 반대이다.
전류의 세기	• 특성 : 1초 동안 도선을 따라 움직이는 전하량 • 단위 : 암페어(A) • 전류는 높은 전위에서 낮은 전위 쪽으로 흐른다. • 전하량의 단위 : 쿨롱(C)
전압	• 전류를 흐르게 하는 능력 • 단위 : 볼트(V)
전기 저항	• 전류의 흐름을 방해하는 정도 • 단위 : 옴(Ω)
옴의 법칙	• 암페어 : 볼트/옴 • 전류 = 전압/저항

04 / 전류의 분류

전류는 전하가 연속적으로 이동하는 현상을 말한다. 단위로는 암페어(A)를 사용한다. 전류는 (+) 극에서 (-) 극으로 흐르고, 전자는 (-) 극에서 (+) 극으로 흐른다. 이는 전자의 존재가 밝혀지기 전에 전류의 흐름 방향을 반대로 정의했기 때문이다. 전류는 흐르는 방향에 따라 직류전류(Direct Current, DC)와 교류전류(Alternating Current, AC) 주파수에 따라 저주파, 중주파, 고주파로 분류한다.

직류전류(DC)	• 전류의 흐르는 방향이 시간의 흐름에 따라 변하지 않는 전류 (갈바닉전류, 리프팅기기) • 평류전류, 단속평류전류
교류전류(AC)	• 전류의 크기가 시간의 흐름에 따라 주기적으로 변하는 전류(고주파기) • 정현파전류, 감응전류, 격동전류

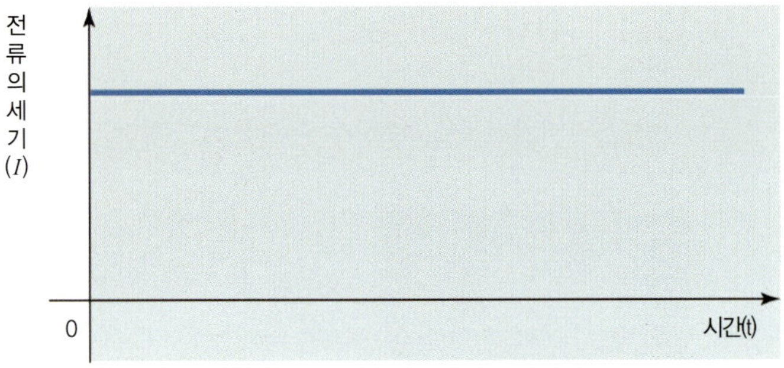

직류
• 시간에 관계없이 전류의 방향이 일정함

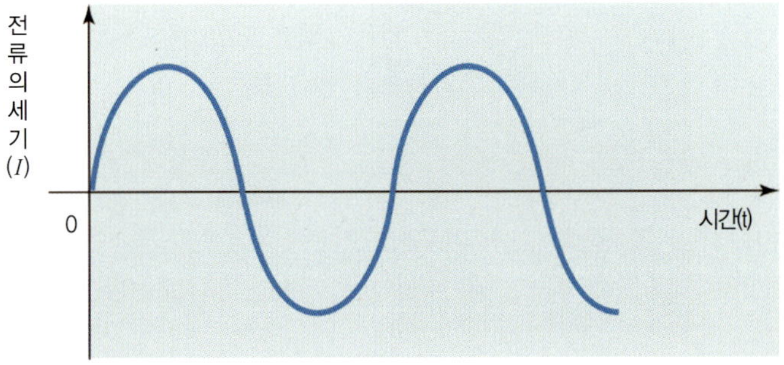

교류
• 전류의 파형이 곡선을 그리며 크기와 방향이 주기적으로 바뀜

▲ 전류의 흐름에 따른 분류

직류는 높은 전위에서 낮은 전위로 전류가 연속적으로 흐른다. 교류는 시간에 따라 주기와 방향이 끊임없이 바뀌는 전류이다. 직류는 전자가 한 방향으로만 흐르지만, 교류는 전자가 방향을 바꾸어가면서 오고가며 흐른다.

저주파 전류	1~ 1,000Hz 이하의 주파수
중주파 전류	4,000~ 4,500Hz 정도(1,000~10,000Hz 사이의 전류)
고주파 전류	100,000Hz 이상의 주파수

▲ 주파수에 따른 분류

05 / 전류의 효과

발열효과	• 생체조직에서 발생되는 열 효과 : 전류의 직접적인 효과와 전자장 효과에 의해 발생 • 혈액 및 근육 등 수분 함량이 높은 조직에서는 저항이 낮고 전도도가 매우 높아 전류량이 많기 때문에 열 발생이 많아진다. • 조직에서 열 발생은 전극의 위치, 전류의 강도에 따라 피부 및 피하지방에서 상대적으로 저항이 높아 발생된다.
생리화학적효과	• 살균효과 : 세포 내 활성 억제 • 부종 감소 : 통증 완화, 체액 이동 증진 • 이온화 효과
전자기효과	전류도 자석처럼 자기장을 형성한다.

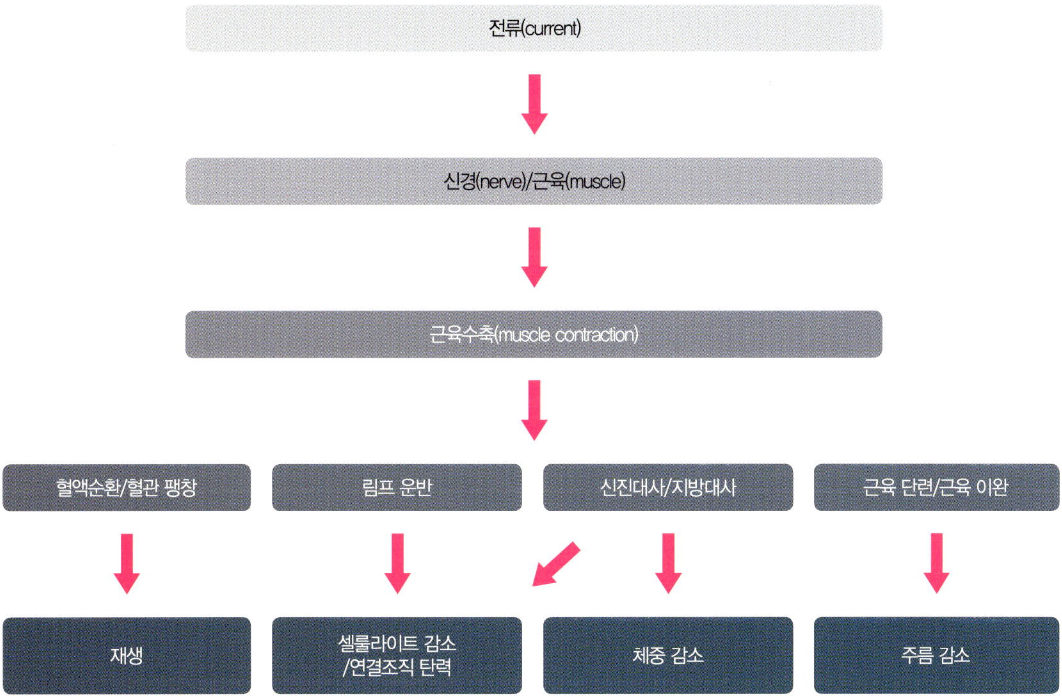

▲ 전류가 피부에 영향을 미치는 메커니즘

02 chapter 피부미용에 이용되는 전류

01 / 갈바닉 전류(galvanic current)

갈바닉 전류는 미용기기에 사용되는 낮은 전압의 직류전류로 1mA의 미세전류를 밝혀낸 이탈리아 과학자 갈바니의 이름에서 유래했다. 갈바닉 전류는 체내에 침투되어 지속적이며 규칙적으로 흐름으로써 인체조직 전체에 퍼져 모든 조직을 활성화시키며 또한 여러 가지 화학적 · 물리적 반응을 일으킨다.

1. 갈바닉 기기의 특징

갈바닉 기기의 전기극봉은 양극과 음극이 있다. 전기의 양극과 음극에서 일어나는 화학 변화를 이용하는 기기로, 전류를 통하게 하기 위하여 관리사는 활성극을, 고객은 비활성극을 가지게 된다.

• 원리
분자는 이온화되어 전기를 띠게 되면 같은 극성끼리는 밀어내고 반대되는 극성쪽으로 이동하는 성질이 있어, 다른 극끼리는 서로 당기는 성질이 있다. 갈바닉 전류는 피부를 통과할 때 음극과 양극에 의하여 화학적 작용을 일으킨다. 이러한 성질을 이용하여 피부미용에서는 피부 속으로 유효성분을 침투시키거나 반대로 피부층에서 어떤 물질을 배출해내는 데 이용한다.

❶ 원리

직류전기가 조직을 통과할 때 소금물은 이온화되어 산과 알칼리로 반응한다. 전기의 양극과 음극은 서로 잡아당기고 다른 극은 서로 미는 성질이 있다.

❷ 사용 단계

딥클렌징과 영양침투 단계에서 사용한다.

❸ 사용 부위 : 얼굴 및 전선

❹ 효과

㉠ 침투가 어려운 수용성 물질을 피부 깊숙이 흡수시킨다.

㉡ 혈액순환을 촉진시키고, 신진대사를 원활히 한다.

㉢ 노폐물을 제거한다.

㉣ 색소침착 부위에 미백효과를 준다.

㉤ 피부 조직 내의 보습력을 증가시킨다.

㉥ 피부의 재생력을 향상 및 촉진시킨다.

㉦ 림프순환을 촉진시킨다.

* 클렌징

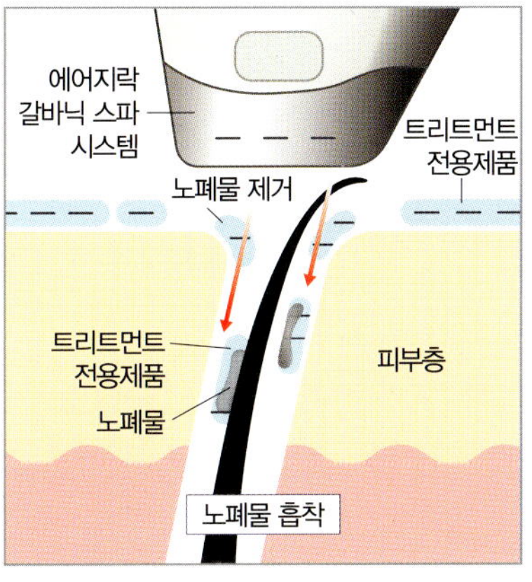

* 클렌징 & 트리트먼트

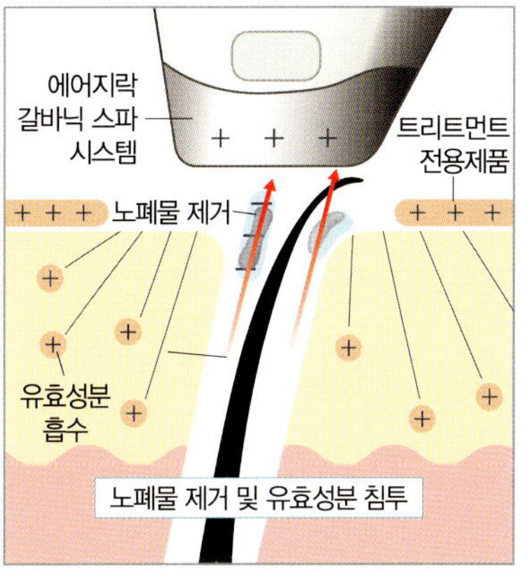

❺ 사용 방법

㉠ 고객의 모든 금속 장식물을 제거한다.

㉡ 기계에 대해 고객에게 설명한다.

㉢ 도자를 먼저 고객의 이마에 댄 후에 천천히 움직이면서 스위치를 켠다.

㉣ 다이얼은 천천히 돌려 전류의 세기를 높인다.

㉤ 눈 주위에 적용할 때는 전류가 통하지 않게 주의해야 한다.

㉥ 음극의 알칼리 반응 후 양극의 산 반응으로 관리한다.

㉦ 극을 바꿀 때와 전원을 끌 경우에는 도자를 피부에 댄 상태에서 천천히 다이얼을 돌려 0에서 바꾸거나 끈다.

❻ 금기 사항

인체 내부에 금속핀이나 금속판이 있는 사람, 인공심박기를 한 사람, 금 치아가 많은 사람, 임산부, 여드름 혹은 피부염, 찰과상, 당뇨병 환자, 전기에 과민한 사람, 과민피부 혹은 주사, 간질, 심한 모세혈관확장피부, 치아 교정자, 화농성 여드름, 수술 환자, 심혈관계 질환자 등은 관리를 피한다.

❼ 피부미용에서의 적용

피부미용에는 이온영동법과 디스인크러스테이션이 주로 이용된다.

㉠ 이온영동법(Iontophoresis) : 피부에 침투가 어려운 수용성 물질을 침투시킬 때 사용된다.

㉡ 디스인크러스테이션(Disincrustation) : 모낭에 있는 피지 침전물이나 분비물의 찌꺼기 같은 노폐물을 분해하는 데 사용한다.

극에 따른 피부 타입에서의 효과

알칼리 반응(– 극)

피부 타입	효 과
건성피부	피부에 혈액 공급량을 증가시켜 혈액순환을 원활하게 하고 신경자극의 효과로 피부이완 작용을 한다.
노화피부	
지친피부	
지성, 복합성 피부	디스인크러스테이션 작용 : 세정 및 노폐물 배출을 돕고 살균작용을 하여 피부를 깨끗하게 한다.

산 반응(+ 극)

피부 타입	효 과
지성, 복합성 피부	모공을 수축시키고 피부 결을 정돈해준다.
여드름 피부	피부에 살균성분이 증가하여 산에 의한 보호를 강화시키며 여드름 염증이 감소하고 작은 여드름이 줄어든다.

양극과 음극에서 일어나는 화학 변화

음극(–), cathode 알칼리 반응	극간	양극(+), anode 산반응
수산화나트륨발생 신경종말 자극 혈액순환 증진 모공 열기 각질 녹이기	혈액순환 촉진 림프순환 촉진 체온 상승 신진대사 증진	염화수소 발생 신경 안정 홍반 진정 모공 닫기 수렴 효과 산성막 회복

02 / 저주파(low frequency current)

주파수가 1~1000Hz인 전류를 저주파라고 한다.

1. 저주파기기의 특징

저주파기는 단속직류전류를 이용하여 근육의 수축과 이완을 통한 근육운동을 원리로 개발되었으며, 패드를 이용하여 근육에 전기 자극을 주어 마사지 효과를 주는 기기이다. 근육운동을 시켜주는 파라딕(faradic)주파에 사다리꼴 형태의 주파웨이브를 이용하여 근육의 수축운동과 비틀림 운동을 함께 병행하게 하여 단시간 내에 최대한 근육 운동으로 효과적인 에너지 발산을 유도하는 기기이다. 이때 운동에 필요한 에너지를 충당하기 위하여 최대한 에너지를 생성, 발산하여 소비하게 된다. 근육의 수축, 이완과 함께 비틀리는 효과에 의해 에너지 발산뿐만 아니라 조직의 체액과 노폐물의 순환을 촉진하고 인체 내의 불필요한 수분과 노폐물은 순환계를 통하여 신장으로 배출되게 된다.

❶ 원리

신체를 통해 전류가 통과할 때 세포막에서 이온의 농도 변화가 발생하며 이것이 신경막에서 발생하면 근육의 수축이 일어난다. 저주파를 이용하여 근육의 운동신경을 자극하고 근육을 운동(등척성 운동)시켜 얼굴과 몸의 리프팅, 탄력, 부피 축소 등의 관리를 해준다.

❷ 사용 단계

얼굴관리와 전신관리의 마사지 단계에서 사용된다.

❸ 사용 부위 : 얼굴 및 전신

❹ 효과

㉠ 통증을 완화시킨다.

㉡ 세포의 작용을 활발하게 하고 노폐물 제거를 촉진시킨다.

㉢ 근육이 유연해지고 신진대사를 활발하게 한다.

㉣ 근육에 긴장과 탄력을 준다.

㉤ 지방대사를 높여준다.

㉥ 단시간 내 최대 운동효과를 통하여 체지방 감소와 국소부위의 크기 감소 효과를 얻을 수 있다.

- 1~10Hz : 지방분해 및 림프순환 촉진 효과가 있다.
- 10~60Hz : 자세 및 체형관리에 적용한다.
- 60~90Hz : 큰 근육을 깊숙이 자극한다.
- 120 : 근육 표면을 자극하여 순환을 촉진시킨다.

❺ 금기 사항

㉠ 인공심장박동기 또는 인공심장기를 사용하고 있는 경우 사용을 금한다.

㉡ 관리 부위나 주변 부위의 체내에 금속 삽입물이 있는 경우 사용을 금한다.

㉢ 임산부나 임신의 가능성이 있는 경우는 안면관리만 가능하다.

㉣ 루프 사용자는 임신 가능성의 여부로 복부관리를 금한다.

㉤ 피부질환이나 상처가 있는 경우

㉥ 관리하려는 부위에 실리콘이나 기타 삽입물이 있는 경우

㉦ 심장병을 앓았던 경험이 있거나 현재 심장병을 앓고 있는 경우

㉧ 신장병을 심하게 앓고 있어 계속해서 신장약을 복용하고 있는 경우

㉨ 자궁 내 물혹이나 자궁근종이 있는 경우

㉩ 신체 허약자

㉪ 만 20세 미만의 전체 성장 미발육자의 경우

㉫ 출산 후 첫 생리 후에 시작하고, 모유수유 시 가슴 관리는 삼간다.

❻ 주의 사항

㉠ 고객의 모든 장신구를 제거한다.

㉡ 관리 전 고객에게 관리 중 기기의 느낌, 안정성 등에 대해 설명한다.

㉢ 반드시 근육점을 정확히 잡아주어야 한다.

ⓡ 집중관리 시 격일제로 관리하여야 한다.

ⓜ 스펀지에 물이 많으면 관리 시 통증을 유발할 수 있으므로 물을 많이 적시지 않도록 한다.

ⓗ 관리 전후 30분은 식사를 하지 않도록 한다.

❼ 종류

신경치료 및 근육 자극, 통증치료 및 진단적 목적에 따라서 펄스파, 감응 전류, 정현파, 고압평류전류, TENS 등을 다양하게 사용하고 있다.

❽ 저주파 기기의 명칭과 작용

ⓖ on/off 스위치 : 기기를 켜는 스위치

ⓝ Time Selector : 작동 시간을 세팅하는 스위치

ⓓ Time Action-START- : 작동 시작 버튼

ⓡ Time Action-STOP- : 작동 정지 버튼

ⓜ Timer : 작동 시간을 알려주는 표시

ⓗ OUTPUT VOLT. : 주파의 세기를 나타내주는 표시

ⓢ Channel Selector : 각 채널의 세기와 작동을 알고자 사용하는 스위치

ⓞ Frequency Pause : 항상 중간에 위치하며 1:2의 비율로 자극이 가해짐과 휴식 시간을 세팅하는 버튼

ⓙ Frequency Selector : Hz의 크기를 결정하는 버튼

ⓒ Channel output : 각 채널을 연결하는 단자

ⓚ Knobs : 각 채널의 세기를 조정하는 스위치

ⓣ Indictor Light : 작동 시 주파가 전달되고 있는지 알려주는 표시

❾ 기기의 올바른 유지관리 방법

ⓖ 스펀지는 미온수에 적셔서 사용한다.

ⓝ 스펀지는 정기적으로 자외선 소독한다.

ⓓ 스펀지는 관리가 끝난 후 반드시 비눗물에 깨끗이 세탁한다.

㉣ 고무밴드는 알코올솜으로 닦은 후 파우더를 발라 서로 엉켜 붙는 일이 없도록 한다.

㉤ 모든 전선과 케이블을 정기적으로 검사한다.

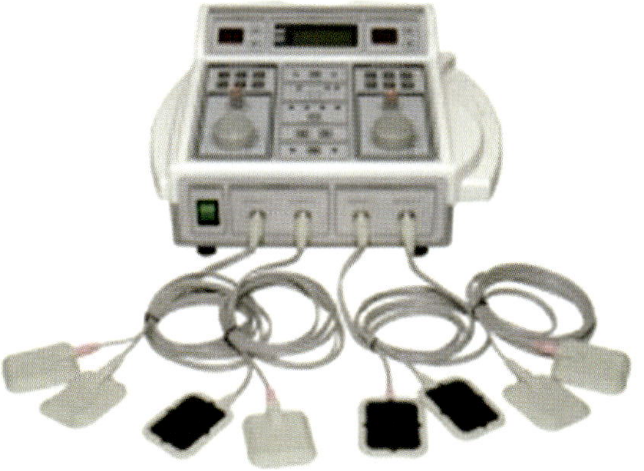

출처: 동인통상

03 / 중주파

주파수가 1,000~10,000Hz인 전류를 중주파라고 한다.

1. 중주파기기의 특징

중주파는 전류가 피부로 통과할 때 피부유해수용기를 거의 자극하지 않으므로 불편함을 느끼지 않고 심부 조직까지 전류를 투과시킬 수 있다. 주파수와 피부 저항은 반비례하므로 중주파는 높은 주파수로 자극, 피부 저항이 낮아져 전류 통전 시 통증이나 불쾌감이 없어 고객 관리에 매우 적합한 주파수이다.

❶ 원리

전류의 진폭을 변조시킨 진폭 변조 중주파를 이용하여 지방층을 자극해 지방을 분해하고 근육은 자극 전류에 의해 혈액에서 용해되는 에너지 공급물질을 이용하여 근육활동을 하므로 휴식 기간 중에도 근육 자극에 의해 근육 펌프로 인한 조직액이 제거되어 에너지 소비가 증가하여 체중과 신체 크기가 감소한다.

❷ 사용단계

비만·체형 관리, 셀룰라이트 관리, 슬리밍, 릴렉스, 퓨리파잉, 영양물질 침투, 바디스타일링 관리 시 이용된다.

❸ 사용부위 : 얼굴 및 전신

❹ 효과

㉠ 근육을 자극하여 근력 강화에 효과적이다.

㉡ 혈관의 수축, 확장을 촉진시켜 혈액순환 및 림프액 수송에 영향을 주어 불필요한 조직액과 노폐물을 배출시킨다.

㉢ 혈류 및 림프순환이 증진되어 부종과 염증을 완화한다.

㉣ 신진대사를 활성화시킨다.

㉤ 재생활동을 촉진시킨다.

㉥ 지방대사를 활성화, 분해를 촉진시킨다.

ⓢ 특정한 부위, 깊고 넓은 부위를 효과적으로 관리 가능하다.

❺ 사용 시간

중주파를 이용하여 리프팅 관리할 경우 안면은 20~30분, 전신은 한 부위당 약 30분 가량 소요된다.

❻ 금기 사항

혈전성 정맥염, 인공심장박동기 착용자, 경직(Tetany), 고열이 있는 일반 질환, 박테리아 및 바이러스 감염에 의한 급성, 국소적 염증이 진행 과정에 있는 경우, 봉소염, 단순포진, 급성 대상포진 등의 증상과 전기 도자가 부착될 부위에 피부 손상이 있는 경우, 민감성 질환으로 아주 세심하게 투약하고 있는 경우, 목의 앞, 옆부분 위에 사용하지 않으며, 임신 중에는 자궁 쪽이 전류장 안에 포함되지 않아야 하며, 고주파기기와 동시에 사용할 경우 도자 아랫부분에 화상이 나타날 수 있으므로 병행 관리를 피한다.

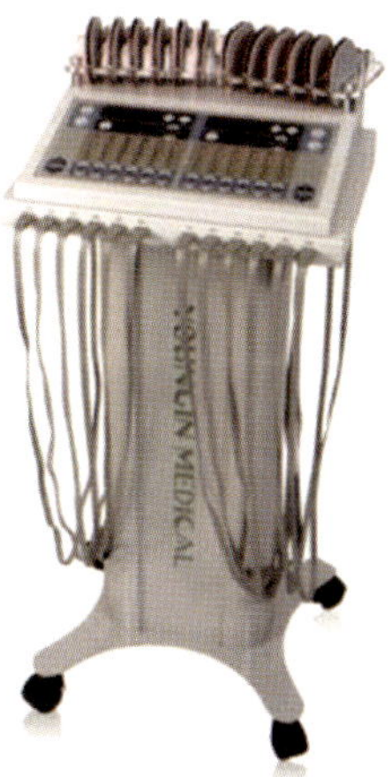

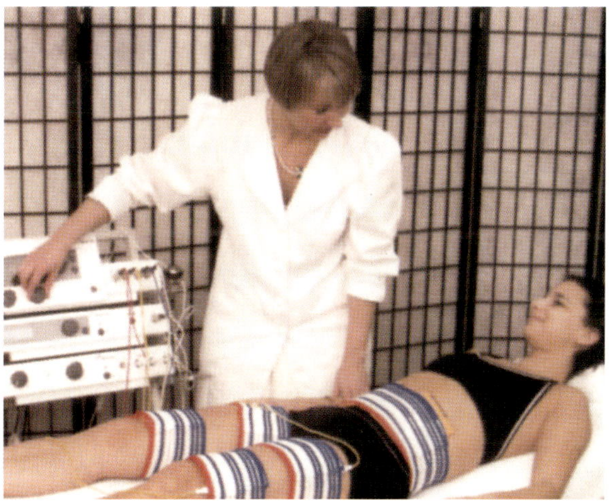

❼ 기기의 명칭과 작용

ⓖ on/off 스위치 : 기기를 켜는 스위치

ⓛ Time Selector : 작동 시간을 세팅하는 스위치

ⓒ Time Action-START- : 작동 시작 버튼

ⓡ Time Action-STOP- : 작동 정지 버튼

㉤ Timer : 작동 시간을 알려주는 표시

㉥ OUTPUT VOLT. : 주파의 세기를 나타내주는 표시

㉦ Channel Selector : 각 채널의 세기와 작동을 알고자 사용하는 스위치

㉧ Frequency Pause : 자극이 가해짐과 휴식 시간을 세팅하는 버튼

㉨ Frequency Selector : Hz의 크기를 결정하는 버튼

㉩ Channel output : 각 채널을 연결하는 단자

㉪ Knobs : 각 채널의 세기를 조정하는 스위치

㉫ Indictor Light : 작동 시 주파가 전달되고 있는지 알려주는 표시

❽ 기기의 올바른 유지관리 방법

㉠ 스펀지는 미온수에 적셔서 사용한다.

㉡ 스펀지는 정기적으로 자외선 소독한다.

㉢ 스펀지는 관리가 끝난 후 반드시 비눗물에 깨끗이 세탁한다.

㉣ 고무밴드는 알코올솜으로 닦은 후 파우더를 발라 서로 엉켜 붙지 않도록 한다.

04 / 고주파기기(high frequency machine)

고주파 전류(high frequency current, HFC)란 100,000Hz 이상의 교류전류를 말하는 것으로 인체 조직 통전 시 맥동 기간이 0.001ms 정도로 매우 짧기 때문에 감각신경이나 운동신경을 자극하지 않아 시술 시의 불편함이나 근수축 없이 신체조직 안의 특정 부위에 열을 가하는 주파를 말한다.

1. 고주파기기의 특징

주파수가 100,000Hz 이상인 높은 교류를 이용한다.

❶ 작용 원리

생체조직에 전류가 흐르면 열 효과, 생리화학적 효과, 생리학적 효과가 나타난다. 저전압 전류 및 고전압 맥동전류는 평균 전류량이 낮아 열 효과를 발생시키지 못하는 반면 고전압, 고주파 전류를 사용하는 심부 투열 치료기는 조직 내에서 열 효과가 나타난다. 조직에서의 열 발생은 전극의 위치, 전류의 강도 등에 따라 다른데, 피부 및 피하지방에서 상대적으로 저항이 높아 열이 덜 발생하며, 혈액 및 근육 등 수분 함량이 높은 조직에서는 저항이 낮고 전도율이 매우 높아 상대적으로 전류량이 많기 때문에 선택적으로 열 발생이 많아진다.

❷ 효과

㉠ 국소 조직의 가열에 따른 일차적인 생리적 효과는 조직의 국소 온도 상승에 따른 대사를 증진시킨다.

㉡ 혈관이 확장되어 혈류량이 증가로 산소, 영양, 백혈구, 항체 등의 공급이 증가한다.

㉢ 국소 부위 온도 상승으로 피부의 수소이온 농도를 변화, 피부막 투과성을 증가시키는 효과, 진통 및 진정 작용을 갖는다.

㉣ 세포 내 화학반응 및 대사율이 증가한다.

고주파 작용의 이론적 근거

- 온도 상승은 대사율 즉 산화율을 증가시키고 또한 에너지 소비도 증가시킴.(대사율은 온도가 10도 상승함에 따라 2~3(2.5)배 증가한다는 반호프 법칙(Van't Hoff's law)에 따름
- 조직온도의 상승은 혈관 확장을 일으키고 이에 따라 모세혈관의 혈류량이 증가됨(조직의 국소 온도가 42도 이상 올라가면 혈류량은 휴식할 때 보다 4~5배 정도 증가됨)
- 국소적 온열요법이 임상에서 주로 쓰이고 있음

2. 고주파 전류의 생물리학(biophysics of high frequency current)

❶ 분자운동(molecular activity)

조직에 전기에너지 또는 전자에너지가 가해지면 조직을 구성하는 분자들이 이리저리 진동하면서 서로 마찰되어 열에너지로 전환되기 때문에 이를 전환열(conversive heat)이라 하고, 조직의 특정 부위에 에너지를 전달하여 열을 발생시키기 때문에 체적가열(volume heating)이라고 한다. 고주파 전류가 몸에 통전되면 조직에서 열이 발생하는데 이는 분자운동 때문이다. 조직을 구성하는 분자는 이온분자, 분극 분자, 비분극 분자의 세 가지 형태로 구분한다.

이온분자(ionic particle)	사람의 조직에는 Na^+, K^+ 등 수많은 이온들이 있다. 한 방향으로 전류가 통전되면 이온운동이 한 방향으로 계속되어 전기화학적 반응이 일어난다. 그러나 매우 짧은 진동을 반복하는 고주파 전류를 통전시키면 한 방향으로 이온 이동이 일어났다가 곧 바로 반대 방향으로 이온 이동이 일어나기 때문에 실제로는 이온 이동을 무시해도 된다. 이온들은 순간적으로 앞뒤로 이리저리 운동할 때 인접한 다른 분자들과 충돌하여 열이 발생된다. 고주파 전류는 맥동 기간이 0.001ms에 지나지 않아 전기 화학 반응이 일어나지 않기 때문에 감각신경섬유나 운동신경섬유를 자극하지 않고 열을 발생시킬 수 있다.

분극분자(polar molecule)	조직은 대부분이 물로 구성되어 있다. 물과 같은 분극분자 전체는 전기적으로 중성이지만 한쪽은 양전하를, 다른 한쪽은 음전하를 띠고 있다. 이와 같이 서로 반대의 전하를 띠는 이온으로 구분할 수 있는 분자를 쌍극자(dipole)라 부른다. 이러한 분자에 전기장이 작용하면 양전하는 음극쪽으로, 음전하는 양극쪽으로 끌려가는 분극현상이 일어나고, 전류의 방향이 바뀔 때마다 이리저리로 회전운동을 한다. 분극 분자들이 회전운동을 하면서 분자끼리 또는 인접한 분자들과 마찰되어 열이 발생된다. 예를 들어 27.12MHz의 단파를 통전시켰을 때 전류의 방향전환이 1초에 54,240,000번 이루어지므로 분자이온들도 1초에 54,240,000번씩 운동방향을 바꾸게 되어 진동이 일어난다. 분자의 진동은 특히 물을 많이 함유한 조직에서 전형적으로 일어난다.
비분극분자 (nonpolar molecule)	지방 등과 같이 전하를 띠지 않고 있는 원자나 분자도 빠르게 진동하는 전장에 영향을 받아 궤도를 돌던 전자가 뒤틀리게 된다. 전장의 방향 변화에 따라 한쪽은 더 음전하를 띠고 다른 한쪽은 더 양전하를 띠게 되며, 양극에서는 전자를 끌어당기고 음극에서는 밀어내기 때문에 전자구름(electron cloud)이 이동하게 된다. 이때 원자나 분자가 직접 열을 발생시키지는 않지만 바로 옆에 있는 분자들과 상호작용을 일으켜서 분자들이 더욱 우왕좌왕 뒤틀리면서 운동이 일어나 열이 발생한다.

❷ 전기장의 유전체

두 전극 사이에 운모나 에보나이트 등과 같은 절연체를 넣으면 진공일 때보다 정전용량(capacitance)이 증가하는데 이와 같은 의미로 절연체를 유전체(dielectric)라고도 한다. 이상적인 정전용량을 가지려면 두 전극 사이에 있는 물질이 좋은 유전체이어야 한다. 지방 등 비분극분자, 유리, 플라스틱, 모든 가스, 몇몇 기름 등은 좋은 유전체(good dielectric)이다. 그러나 좋은 절연체가 반드시 좋은 유전체는 아니다. 물과 같은 분극분자는 유전율이 높으면서 좋은 유전체로 분류할 수도 있다. 고주파 전류를 이용하는 심부 투열 치료에서 이상적인 유전체(ideal dielectric)는 흡수로 인한 에너지 상실이 없고 전기장에서 분극 및 재분극이 되어야 한다. 유전상수(dielectric constant)는 두 전극 사이가 진공일 때와 유진체를 넣었을 때의 정전용량의 비율이다.

건조한 공기의 유전율을 1로 했을 때 유리는 1~5, 석유는 2~2.2, 운모는 4.5~7.5, 물의 경우 25℃에서는 75.5이고 체온에서는 약 80 정도 된다. 이와 같이 유전율은 유전체의 종류에 따라 다르고 주파수, 온도, 전압 등에 의해서 변화한다. 물질의 분극분자는 유전율을 결정하는데 중요한 역할을 한다. 혈액이나 근육과 같이 물 함량이 많은 조직은 유전율이 높고, 주파수가 높아질수록 유전율이 낮아진다.

정전용량은 두 전극 사이에 있는 유전체의 종류에 따라서 다르다. 공기와 같이 유전율이 낮은 물질이 있을 때는 정전용량의 증가가 적지만 물과 같이 유전율이 높은 물질이 있으면 정전용량이 현저하게 증가한다. 같은 물질이라도 주파수, 온도 등에 따라서 정전용량이 다르다.

❸ 자기장의 유전체

솔레노이드에 전류를 흐르게 하면 강한 자기장이 생성되고 솔레노이드 안에 쇠와 같은 물질을 넣으면 인덕턴스(inductance)가 증가하여 자기장의 강도가 현저하게 증가된다. 전도물질은 솔레노이드의 인덕턴스를 변화시키는 능력이 있는데, 이 능력을 투과(permeability)라 한다. 투과는 물질에 의해서 생성된 인덕턴스와 물질 없이 생성된 인덕턴스의 비율이며 항상 1보다 큰 유전율과 달리 대부분의 물질의 투과율은 거의 1에 가깝다. 조직의 투과가 1에 가까워지면 자기장 에너지가 전달되면서 자기력선이 찌그러진다. 솔레노이드 코일 안에 팔, 다리와 같은 큰 전도체를 넣고 고주파 교류전류를 통전시키면 솔레노이드 안의 팔다리와 솔레노이드 주위에 자기장이 형성되고 솔레노이드 안의 팔다리에서는 자기장의 방향에 수직으로 원형의 전류가 발생한다. 이 원형으로 도는 전류를 국소전류(eddy current)라 하며 국소전류에 의해 조직에서 열이 발생된다.

❹ 굴절(refraction)

전기장 안에 유전체가 있을 때 유전체의 경계면에서 전기력선이 휘어지는데 이러한 현상을 굴절이라고 한다. 굴절은 물질의 유전율과 전도도가 달라지는 경계면에서 일어난다. 전기장 안에 유전체를 두면 정전용량이 증가하고 전극에서 전하가 현저하게 축적되어 전극과 유전체 표면 사이에 전기장의 강도가 증가된다. 특히 임상적인 면에서 전기장 안에 금속과 같이 전도도가 좋은 물질이 있을 때에는 금속의 표면에서 심한 굴절이 일어나 전하가 많이 축적되어 열이 과도하게 발생하여 인접 조직에서 화상 및 괴사가 일어날 수 있다.

❺ 반사(reflection)

전자파가 진행할 때 매질의 임피던스가 같으면 같은 속도로 지속적으로 전파되지만 임피던스가 다른 물질에 부딪히면 경계면에서 반사되어 반대 방향으로 진행한다. 임피던스는 매질의 전기적 성질에 따라 다른데 매질의 전기적 성질은 주파수에 따라 다르다. 전자파의 에너지 반사는 전기적 특성인 유전율과 전도도, 조직의 밀도, 피하지방의 두께 등 조직의 구조적 특성에 따라 다르다.

주파수가 올라가면 유전율이 낮아지고 전도도는 높아져 반사가 증가한다. 1000~3000MHz의 사이에서 반사에너지 양은 피부와 지방의 두께에 따라 0~80%까지 다양하게 나타난다. 극초단파 에너지는 공기-피부, 피부-지방, 지방-근육, 근육-뼈의 경계면에서 반사하며, 특히 공기-피부 사이에서 에너지의 50%가량이 반사한다. 2450MHz의 극초단파를 사용할 때 지방-근육 경계면에서 반사가 많기 때문에 피하지방층에서 열 발생이 많다. 최근에는 공기-피부 경계면에서의 반사를 최소화시키기 위해 915MHz의 극초단파를 접촉형 전극(direct contact director)에 사용하여 반사가 적고 심부조직을 효과적으로 가열할 수 있다.

임피던스[impedance]

교류회로에서 전류가 흐르기 어려운 정도를 나타낸다. 단위는 SI 단위계로 옴(Ω)을 사용하며, 보통 기호 Z로 표시한다. 임피던스의 역수는 어드미턴스라고 한다.

출처 : [네이버 지식백과] 임피던스[impedance](두산백과)

❻ 전파(transmission)

전자파는 진공이나 공기 속을 빛과 같은 속도로 전파하지만 매질을 만나면 전파 속도가 느려지며 매질 속의 전파 속도는 매질의 전자파에너지 흡수 정도에 영향을 받는다.

❼ 흡수(absorption)

전자파에너지의 흡수는 주파수, 매질의 양과 밀도, 매질의 전기적 성질, 자기적 성질에 따라 다르다. 유전율이 높고 전도도가 낮은 매질이 전자파에너지 흡수량이 많다. 근육이나 혈액 등 수분 함량이 많은 조직과 눈이나 땀방울과 같이 수분을 함유하고 있는 기관이 지방이나 뼈와 같은 조직보다 전자기에너지의 흡수가 더 잘된다. 유전율이 높고 전도도가 낮은 근육은 유전율이 낮고 전도도가 좋은 지방보다 에너지 흡수량이 많아 임상적으로 심부투열 치료로 골격근에서 온도 상승을 시킬 수 있다.

❽ 침투 깊이(depth of penetration)

전자파의 투과 깊이는 주파수와 매질의 특성에 따라 다르다. 주파수가 낮을수록 침투 깊이가 깊고, 물 함량이 적은 조직이 침투 깊이가 깊다. 매질의 통과 거리가 커짐에 따라 전자파의 에너지가 지수함수적으로 감소된다. 따라서 피하지방의 두께가 두꺼울수록 침투 깊이가 낮아진다. 전자파의 침투 깊이는 원래 에너지의 63%를 흡수할 수 있는 깊이를 말하며 임상적으로 조직온도를 치료 온도인 40~45°까지 올릴 수 있는 깊이이다. 단파 심부투열 치료의 임상적인 침투 깊이는 3cm를 넘지 않는다.

❾ 전류와 변위전류

전류가 조직을 통과할 때 조직의 저항에 의해서 전기에너지가 열에너지로 전환되며 이때 발생하는 열량은 줄의 법칙(Joule's law)에 따른다. 근육과 같이 물을 많이 함유한 조직은 이온이 많이 있어 고이온 조직이라고 표현한다. 고이온 조직에 전류가 흐르면 열 발생이 현저하게 많아진다. 뼈나 지방과 같이 물 함량이 적은 비분극 조직에서는 변위전류가 흐르기 때문에 열 발생이 적다.

일반적으로 지방조직이 근육보다 열 발생이 적은 것으로 생각하지만 지방조직에는 비분극 분자뿐 아니라 림프관, 혈관들이 분포하고 있어 전자장이 강하게 형성된다. 실제로 콘덴서 전계법에서 두 전극 사이에 형성되는 전기장의 밀도는 근육보다 지방에서 높다. 지방-근육 경계면의 피하조직 쪽에서 열 발생이 많아 임상적으로 피하조직 쪽에서 화상이 발생하는 현상을 설명할 수 있다.

3. 고주파를 이용한 프로그램

❶ 테슬라 고주파 직접법

㉠ 원리 : 높은 진동률의 테슬러전류를 형성시켜 파장을 만들어 진동에너지인 단파를 발생시키면 전극봉 유리관 내의 공기와 가스가 이온화되어 전류가 유리관을 통해 피부로 전달되는 것으로, 유리관 안의 기체가 전기로 인해 공기 중의 O_2와 만나 O_3화 되어 열을 발생시킨다,

㉡ 사용 단계 : 딥클렌징과 여드름 압출 후 사용된다.

㉢ 사용 부위 : 얼굴

㉣ 효과

- 피지 건조와 살균 소독의 효과가 있다.
- 혈액순환을 촉진한다.
- 피부조직의 재생력을 높인다.
- 영양물질을 피부 속 깊이 침투시킨다.
- 근육조직 내에 열을 발생시킨다.

㉤ 금기 사항

혈전증, 정맥염, 심하게 모세혈관이 확장되어 있거나 민감한 피부, 임산부, 수술 직후, 심장병, 인공심장박동기 등 인체 내 금속을 착용한 사람, 간질, 피부질환, 고혈압, 저혈압, 편두통 환자는 사용을 금한다.

㉥ 도자의 종류

- 버섯형, 스푼형(얼굴, 데콜테 관리용)
- 빗형(두피 관리)
- 일자봉(간접 관리)
- 달팽이형(스파킹용)
- 말발굽형(어깨 관리)

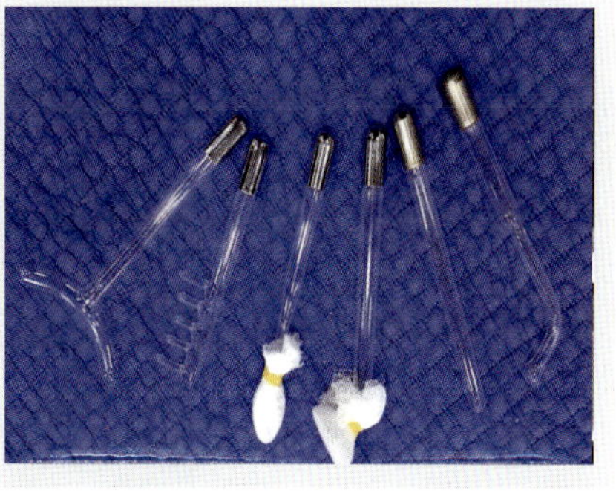

❷ 테슬라 고주파 간접법

㉠ 원리 : 전류가 고객이 잡고 있는 전극봉을 통해 고객에게 흐르게 되는데 이때 전류가 고객의 얼굴에서 피부관리사의 손을 통해 빠져나게 된다. 그러므로 간접 적용 방식의 고주파 관리 시 피부관리사가 회로의 한 부분이 되므로 손을 절대로 떼지 않는다.

㉡ 사용단계 : 마사지 단계에서 사용한다.

㉢ 효과

- 고주파가 열을 발생시켜 혈액순환 향상, 보습과 미세주름 개선, 지친 피부 개선 효과가 있다.
- 온열효과로 피부의 긴장을 이완시키고 신진대사를 원활하게 하지만 살균작용은 하지 않는다.
- 수분이 부족한 건성피부나, 혈액순환이 잘 안 되는 피부, 피로에 지친 피부에 효과가 있다.

❸ 도자를 이용한 고주파 관리

㉠ 기기의 명칭과 작용

- ON / OFF : 시작 / 정지 버튼
- 0.5MHz / 0.3MHz : FACE/ BODY 주파수 선택 스위치
- FACE / BODY : 얼굴 / 바디 트리트먼트 모드
- TIME ▼ / ▲ : 시간 DOWN / UP 스위치
- LEVEL ▼ / ▲ : 레벨 DOWN / UP 스위치

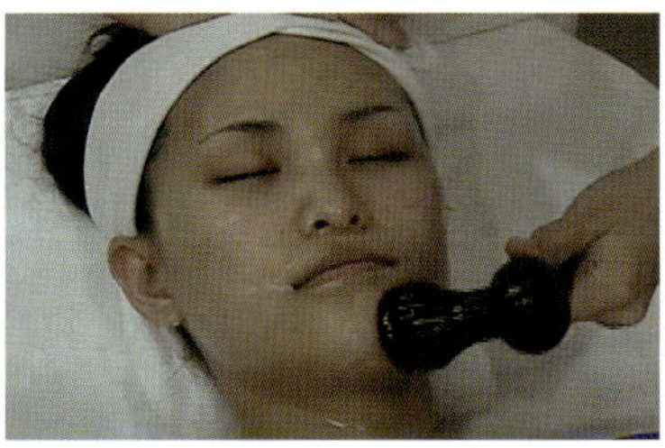

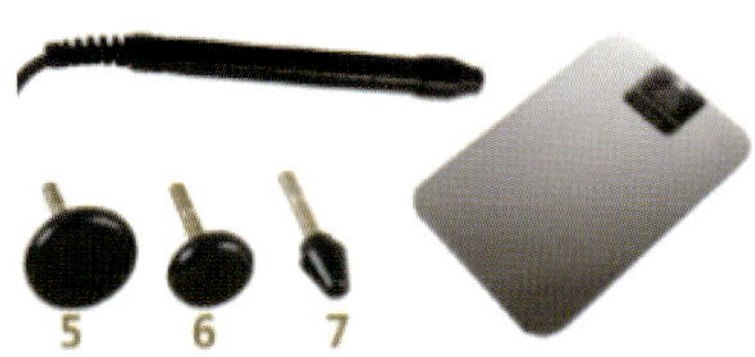

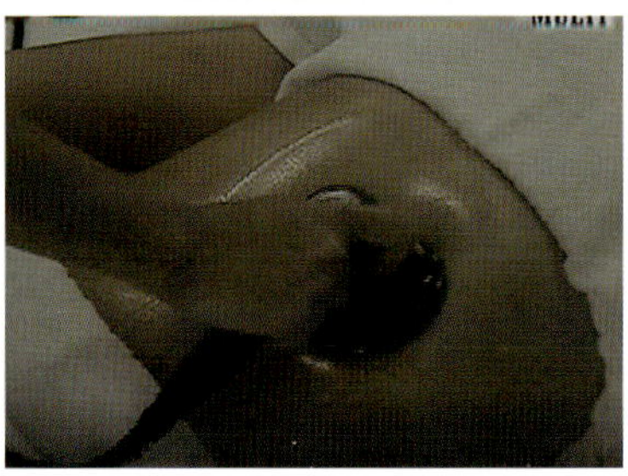

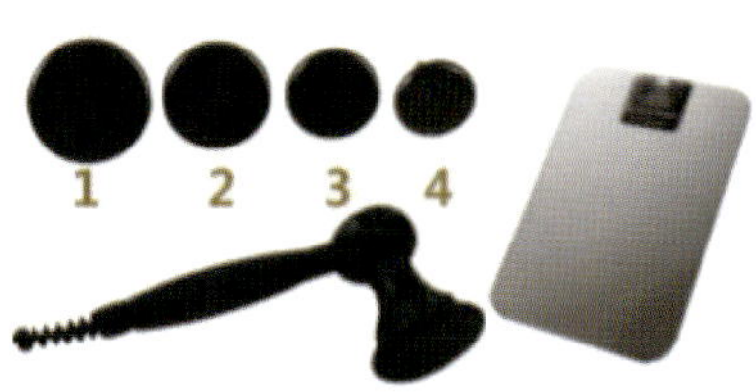

㉡ 주의 사항과 관리 방법

- 모든 단자에 케이블 및 전원을 연결한다.
- PLATE 단자의 접지판을 본체 뒤쪽에 연결한다.
- 핸드피스를 본체 뒤쪽의 FACE, BODY 단자에 연결한다.
- 전원 스위치를 켠다.
- 벨트나 브래지어 후크 등 금속성 액세서리를 제거한다.
- 기기를 작동하기 전, 접지판을 넓고 편평하여 밀착이 잘되는 피시술자의 몸(정면 관리 : 등의 어깨 부분, 후면 관리 : 복부)에 부착한다.
- 시술 시, 일렉트로드의 모든 면이 고객의 몸에 닿도록 하여 관리한다.
- 일렉트로드를 바꾸어야 할 경우에는 반드시 기계의 작동을 멈춘 후 바꾼다.
- 표면에 상처가 있거나 금이 가 있는 일렉트로드는 사용하지 않는다.
- 관리하는 동안 일렉트로드가 시술자의 좁은 부위에 닿지 않도록 한다. 예를 들어, 시술자가 손가락 끝으로 일렉트로드를 접촉하게 되면 시술자는 순간적으로 전기적 충격을 경험할 수 있다.
- 전기장판이나 핸드폰과 같은 전자제품은 함께 사용하지 않는다.
- 반드시 고주파 관리 전용 크림을 사용한다.
- 혈압 이상자, 임산부, 머리 부분, 악성종양, 베인 상처, 안구, 38도 이상의 유열 질환, 정형된 부분에는 사용을 피한다.

05 / 초음파(Ultrasound)

초음파는 소리가 내는 파동의 일종으로 물건을 두드리거나, 치거나 긁으면 음(소리)이 난다. 물건이 진동하면 소리가 발생하는 것이다. 물건이 작고 빠르게 진동하면, 그 진동은 주위의 공기 중으로 퍼져간다. 이것이 음파이다. 음파가 공기 중에 퍼져 우리 귀 속에 들어와 고막이 진동하면, 이것을 소리로 느낄 수 있는 것이다. 진동의 빠르기(음의 높이)는 1초에 진동하는 횟수를 말하며, 이것을 주파수라 하고, Hz(헤르츠)라는 단위로 표기한다. 예를 들어 음계 도의 음은 1초에 260회 진동하기 때문에 주파수는 약 260Hz이며, 1옥타브 높은 도가 되면 520Hz가 된다. 그러나 우리 귀에 들리는 소리는 한계가 있어서 아주 낮은 소리나 아주 높은 소리는 들을 수 없다. 우리 귀에 들리는 음(소리)을 '가청음'이라 한다. 가청음(귀로 듣는 소리)의 범위는 대체로 16Hz에서 18,000Hz까지이다. 초음파란 이와 같이 진동이 빠르고 너무 높아서 사람에게는 들리지 않는 소리이다. 공학적으로는 20,000Hz 이상을 초음파라고 한다.

1. 초음파기기의 특징

진동 주파수가 17,000~20,000Hz 이상인 불가청 진동음파로서 인체 조직과 피부 세포 간에 아주 미세한 진동을 일으켜 열과 역학적 에너지를 생산해내는 음향에너지이며 인체 신진대사를 촉진하여 온열효과와 물리적 및 화학적 효과로 피부미용적 효과를 나타낸다.

❶ 원리

독특한 형태의 파동을 갖고 있는 탄력파동(Elastic wave)은 28,000Hz의 비교적 낮은 주파수를 사용하여 큰 에너지를 갖고 있으며 침투력과 분해효과가 높다. 또한 28,000Hz의 초음파는 물의 파동과 잘 맞기 때문에 물속에서 잘 퍼지는 성질을 가지고 있어 인체에 반응하기 쉽고 안정성이 뛰어나다.

❷ 사용 단계

클렌징과 마사지 단계에서 사용된다.

❸ **사용 부위** : 얼굴 및 전신

❹ **효과**

㉠ 온열 효과 : 림프와 혈액순환을 촉진시키고, 신진대사를 증진시킨다.

㉡ 물리적 효과 : 진동에 의한 피부 세정 및 마사지 작용을 하며, 진피 세포를 활성화시키고, 영양공급을 가속화시켜, 피부의 탄력을 증가시키고 근육조직을 강화한다.

㉢ 화학적 효과 : 피부의 pH 조절, 재생 작용, 지방 분해 작용이 있다.

❺ **주의 사항**

㉠ 시술 전 고객에게 초음파 관리 시 소음이 있음을 미리 알려 놀라지 않도록 한다.

㉡ 초음파 관리 시 초음파기기와 피부 사이에 물이나 초음파 전달 매개물질인 초음파 전용 젤을 사용한다.

㉢ 초음파 젤과 같은 매개물질은 충분한 양을 도포한다.

㉣ 한 부위에 5초 이상 머무르지 않는다.

㉤ 눈동자 부위, 갑상선 주위, 뼈나 관절 부위는 피한다.

㉥ 관리 후 프로브와 헤드의 금속 표면에 상처가 나지 않도록 주의한다.

㉦ 중성세제나 알코올로 세척한 후 건조시킨다.

❻ **금기 사항**

염증이나 상처 부위, 인공심장박동기, 임산부, 전염성 피부질환자, 악성종양, 심장질환자, 혈압 이상자, 혈전증 환자 등은 관리를 피한다.

03 chapter 생체전기

생물의 체내에는 다량의 염류가 함유되어 있다. 그것들이 해리하여 이온화하면 발전현상이 일어난다. 일반적으로 생체막에서는 그 내외의 이온분포가 달라지면 정지전위가 생긴다. 예를 들면, 세포막에는 막전위가 있고 세포막의 바깥쪽과 세포질 속에 미소전극을 넣으면 전위차가 생긴다. 심장 박동, 근육의 수축, 뇌의 활동 등과 더불어 활동전위가 생기는데, 이것은 100mV의 전압이다. 생체에서 전기 발생은 여러 조직이나 기관에서 볼 수 있지만 전기 발생과 기능과의 관계가 밀접한 것은 특히 신경이다. 신경은 충격으로 신호를 전달하고 또한 시냅스를 통해 활동을 다른 신경세포에 전하는 기능을 가지고 있다. 신경섬유에 자극을 주면 흥분이 일어나고 이것이 전도되는 데에 전류가 관계된다. 즉, 신경섬유의 축삭 세포막의 안팎에 이온의 농도차가 생겨 정지전위(막전위)가 생긴다. 밖이 양이고, 안이 음이 된다. 자극에 의하여 외부의 나트륨이온이 막 안에 들어가면 이 부위는 음이 되고 국부전로(局部電路)가 생긴다. 이것이 차례로 일어나는 것이 활동전류이다.

신경충격 또는 흥분이라고 하는 것의 본질은 신경막에서 발생하는 활동전위이다. 신경이나 근육의 정지전위, 활동전위 또는 여러 시냅스 후전위 등은 그 발생기구나 기능적 역할에 있어서 흥미가 있을 뿐만 아니라 신경, 근육계의 활동지표로 이용된다(뇌파, 심전도, 근전도, 망막전도 등). 뇌파는 다수로 존재하는 뇌의 신경세포가 발사하는 활동전위 또는 시냅스 후전위의 총합을 두 개상에 설치한 전극으로부터 얻을 수 있지만 미소전극을 뇌실질에 자입하여 조사하면 개개의 신경세포가 발하는 스파이크 전위를 관찰할 수 있고, 세포 내에 전극선단을 삽입하는 경우에는 개개 신경세포의 막전위 변화를 기록할 수 있다.

신경세포의 경우, 자극을 받으면 세포막 안팎에 함유된 무기질의 이동에 따라 활동전위를 일으키므로 신경전달을 하거나 근섬유에도 전도되어 근수축이 일어나게 되는데 이에 따른 무기질에는 양이온(+)이나 음이온(-)을 띠고 있는 칼륨(K^+), 나트륨(Na), 염소(Cl), 마그네슘(Mg) 등이 있다.

전류는 전자의 흐름으로 도선을 따라 흐르는 전도전류를 말하지만, 생체전류는 전류와 달리 대개 신경세포를 통해 전도되며, 일정한 국소에 집적 전도되므로 국소전류라 한다.

생체전기는 직류로 인체에서는 약 10~100mV의 전압을 전반적으로 유지하므로 피부에서도 40~60㎂ 정도의 미세한 전류가 흐르고 있다. 생체전기를 일으키는 메커니즘에는 대사작용에 의한 에너지를 바탕으로 주로 신경세포에서 무기질의 이동에 따라 일어나는 활동전위를 비롯하여, 상처를 치유하는 손상전위라든지, 심장근육에서 지속적으로 일어나는 활동전위나 뇌에서 유발하는 뇌파 등이 대표적이다. 즉 활동전위 등이 생체전기를 일으키는 메커니즘이라고 할 수 있는데 이러한 활동전위는 신경초인 미모사나 끈끈이주걱 같은 식물에서도 일어난다. 뼈와 근막이나 체액 등 조직을 대상으로 하여 물리적 압력이나 부하로 인한 긴장에 의해서 압전기 유동전위로 인한 인체전기를 일으키게 된다.

❶ **생체전기의 개념** : 생물 체내에서 일어나는 미세한 전기현상으로 생물 체내에 함유되어 있는 염기성물질이 이온화하여 전기가 발생하는 것이다.

❷ **생체전기의 역할** : 영양물질의 흡수, 노폐물 배출, 세포막의 농도차를 이용한 삼투작용을 한다.

예 심장 수축, 근육 수축작용, 뇌와 중추신경 활동, 산성막 형성, 케라토히알린을 분해하여 과립층에서의 이화작용을 한다.

❸ **에스테틱과 생체전기 화장품과 생체전기** : 전기영동현상은 피부의 전기적 이온화를 통해 화장품의 유효성분을 피부 깊숙이 침투시킨다. 피부층에 함유된 수분의 농도에 따라 단순확산, 촉진확산 작용에 의해 침투시킨다.

❹ **전기 미용기기와 생체전기** : 화장품 유효성분을 피부 깊숙이 침투시키거나 노폐물을 밖으로 배출시킨다. 이온결합을 와해함으로써 각질층의 부착력을 약화시켜 박피작용을 한다. 갈바닉 기기나 리프팅 기기는 수분이나 화장품의 유효성분을 이온화시킨다. 초음파기기는 열에너지가 발생하여 피부층에 전도되어 온열효과로 신진대사 활동을 촉진시킨다. 혈액순환 과정을 보면 적혈구 표면은 통상 음전하를 가지고 있어 적혈구 간에 공간을 유지하게 되는데 이때에 음전하가 클수록 적혈구들이 서로를 밀어내는 제타전위가 커질 수밖에 없으므로 혈액순환에도 영향을 미친다. 이러한 제타전위(계면동전위라고도 함)라는 것은 혈액과 같은 전해질 용액 중의 콜로이드(colloid) 입자가 대전됨에 따라 이와 접촉하는 계면에는 반대 이온을 가진 미립자의 일부가 흡착되어 고정층을 만드는 반면에, 고정층의 외측에는 미립자가 용액 중에 확산되어 전기이중층이 형성됨에 따라 발생하는 전위차를 말한다.

04 chapter

피부미용기기의 필요성

❶ 화장품이 함유하고 있는 활성성분을 피부 깊숙이 침투시키기 용이하다.

❷ 피부미용기기를 이용한 관리와 손을 이용한 관리를 병행하여 기능성화장품의 처방 및 시너지 효과를 극대화할 수 있다.

❸ 고객에게 과학적인 프로그램과 신속한 서비스를 제공할 수 있다.

❹ 피부미용관리 시 피부미용사의 능률을 향상시키고, 체력 소모를 줄일 수 있다.

PART 03

피부미용기기

01 chapter

기본 관리기기

01 / 확대경(magnifying glass)

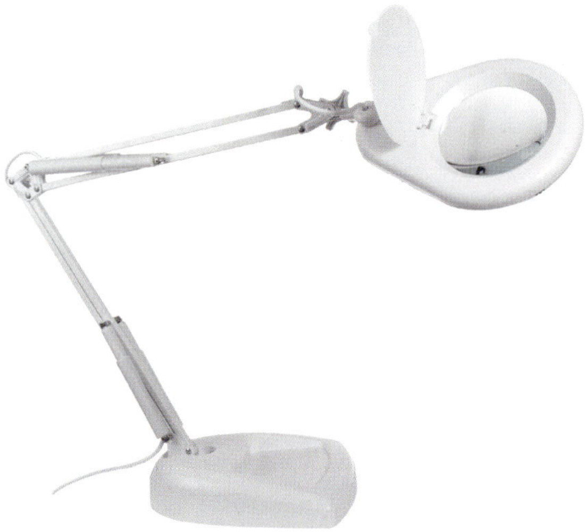

육안으로 판별할 수 없는 피부 상태를 확대해서 볼 수 있으므로 판별이 쉽다. 배율은 육안의 3.5~5배율이다. 클렌징 후 모공 속이 깨끗한 상태에서 스위치를 켜고 밝게 한 후 확대경을 통해 피부를 관찰한다. 고객의 눈을 보호하기 위해 반드시 아이패드를 덮어 시력을 보호한다. 스위치 작동은 고객의 얼굴 위에서 하지 않도록 주의한다.

02 / 우드램프(wood lamp)

▲ 우드램프

우드등은 파장 365nm 이상의 자외선과 가시광선을 방출하는 수은 증기를 봉입한 형광 램프의 유리에 산화 니켈(Nickel oxide)을 포함시켜 눈에 보이지 않는 장파장 자외선과 청백색 가시광선 스펙트럼 일부만을 선택적으로 나오도록 만든 특수광선 램프이다. 즉, 우드등에서 나온 자외선이 특정 물체에 닿아 반사될 때 물체 표면의 특징에 따라 형광을 띠는 성질을 이용한 광학 피부분기로 피부의 상태를 색깔로 나타내는 기기이다.

1. 사용방법

피부를 깨끗이 클렌징한 후 어두운 상태에서 사용한다(검은 후드 덮기). 우드램프 이용 시 고객과 5~6cm가량 떨어져서 관찰한다. 관찰한 피부 상태를 고객카드에 기입한다.

색상	청백색	사주색	밝은 보라	짙은 보라	백색	오렌지색	담황색	노란색	암갈색
상태	정상 피부	노화 피부	건성, 수분 부족	민감, 모세혈관 확장 피부	두꺼운 각질화 부위	피지, 면포, 지루성 부위	화이트 헤드, 산화된 피지	비립종	색소침착 부위

03 / 스티머(steamer machine, vaporizer)

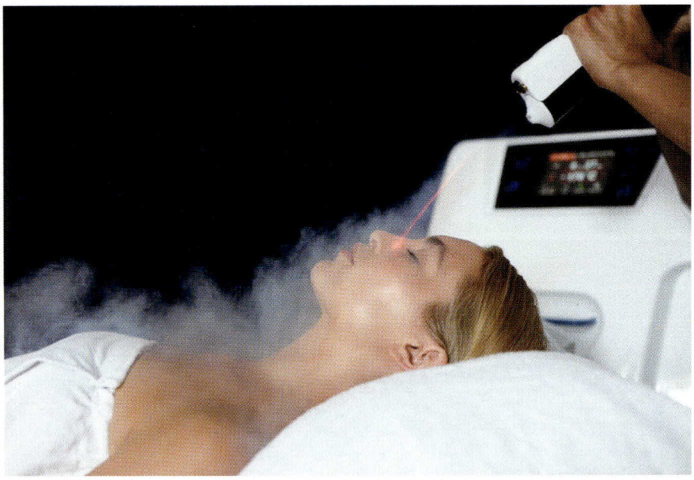

1. 특징

❶ 원리

물통 안에 가열센서가 내장되어 있어 물통의 물이 센서에 가열되고 열의 대류현상에 의하여 고온부에서 저온부로 증기열이 튜브를 통해 방출하는 원리를 이용한 기기이다.

❷ 사용 단계

딥클렌징 단계에서 사용된다.

❸ 사용 부위 : 얼굴 및 전신

❹ 효과

㉠ 물이 가열되면서 증기를 방출하여 피부 이완 및 보습효과를 준다.

㉡ 증기는 각화된 각질세포를 연화시켜 노화된 각질 제거에 도움을 준다.

㉢ 온열효과로 모공이 열려 클렌징에 도움을 준다.

㉣ 모낭 속의 피지, 먼지 등 노폐물 제거에 도움을 준다.

㉤ 블랙헤드나 메이크업 잔여물 등의 노폐물 세정작용을 한다.

㉥ 오존(O_3)이 소독 및 살균작용을 한다.

㉦ 세포의 산소 공급을 증가시키고 항균작용 및 손상된 피부를 개선시킨다.

ⓞ 혈액순환을 촉진하고 신진대사를 원활히 한다.

클렌징 다음 관리 단계에 사용되는 제품의 연화된 각질이 탈락 후 다음 관리 단계에 사용하게 되어 제품의 피부 흡수를 촉진시킨다.

❺ 사용 방법

㉠ 증류수를 물통에 2/3가량 채운다.

㉡ 스위치를 작동시킨 후 2~5분이 경과하면 증기가 나오기 시작하므로 사용 전 미리 전원을 켜 놓는다.

㉢ 피부 유형에 따라 거리와 분사 시간을 조절하여 사용한다.

㉣ 피부와의 거리는 30cm 이상, 시간은 약10~15분 정도로 사용한다.

㉤ 증기가 나오기 시작하면 고객의 얼굴쪽으로 방향을 이동한다.

㉥ 증기가 나오기 시작한 후 타이머를 재조정하고 사용 직전에 오존을 켠다.

❻ 주의 사항

㉠ 에어컨이나 히터 또는 사람의 움직임으로 인해 스팀의 방향에 영향을 주지 않도록 주의한다.

㉡ 소독 방법 : 예열 후 물이 담긴 물통에 식초 2~3방울을 떨어뜨려 다시 작동시킨 후 나사를 풀어 물을 빼준다.

㉢ 유리관이 뜨거우므로 사용과 세척 시 주의한다.

❼ 금기 사항

심한 화농성 여드름 피부, 심한 모세혈관피부, 알레르기 발생 피부, 일광에 손상된 피부에 사용을 금한다.

04 / 전동스프레이(spray machine, lucas)

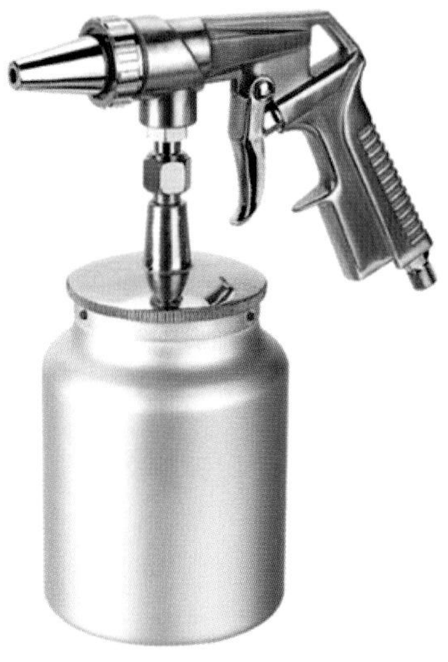

1. 특징

❶ 원리

압축 원리를 이용하여 미세한 액체 입자가 부드럽게 분무된다.

❷ 사용 단계

클렌징 후, 여드름 압출 후, 피부에 크림이나 오일을 바르기 전 마무리 단계에서 사용된다.

❸ 사용 부위 : 얼굴 및 전신

❹ 효과

㉠ 분사된 부위에 수분을 공급한다.

㉡ 피부에 진정효과를 준다.

㉢ 모세혈관을 강화시킨다.

㉣ 신진대사를 활성화시킨다.

㉤ 여드름 압출 후에는 진정과 모공 세척 효과가 있다.

❺ 사용 방법

㉠ 스프레이 용기에 수렴화장수, 유연화장수, 미네랄워터 등의 내용물을 담는다.

㉡ 고객의 눈을 감게 하고, 미용 솜이나 아이 패드로 눈을 덮어준다.

㉢ 가슴과 어깨는 내용물이 흐르지 않도록 수건이나 티슈로 가려준다.

㉣ 스프레이 용기는 항상 수직으로 세우고 용기의 고리를 당겨주며 스프레이한다.

㉤ 스프레이 후 고객의 피부를 손으로 가볍게 두드리며 분사된 내용물을 흡수시킨다.

㉥ 소독 방법은 스프레이 사용 후 용기를 분리하여 중성세제로 닦은 후 습기를 제거하고 자외선 소독기에 넣어 소독한다.

❻ 주의 사항

㉠ 스프레이 용기를 항상 수직으로 세워서 사용한다.

㉡ 스프레이 시 내용물이 눈, 코, 입에 흡입되지 않도록 주의한다.

㉢ 사용 후 반드시 용기를 빼 놓는다.

❼ 금기 사항

스프레이의 내용물이 너무 차가울 경우와 겨울철에는 사용을 금한다.

05 / 전동브러시(bushing machine, fimator machine)

1. 특징

염소 털이나 산양 털 등 부드러운 천연보를 이용하여 안면 피부를 부드럽게 마찰하여 더러움을 제거하고 혈액순환과 신진대사를 촉진한다.

❶ 원리

천연모를 전동기의 회전원리를 이용하여 피부에 부드럽게 마찰한다.

❷ 사용 단계

딥클렌징 단계에서 사용한다.

❸ 사용 부위 : 얼굴 및 전신

❹ 효과

㉠ 모공 속의 노폐물과 피부의 굴곡진 부위나 표면의 메이크업 잔여물과 먼지를 제거한다.

㉡ 피부 각질을 제거한다.

㉢ 부드러운 마찰로 혈액순환과 신진대사를 촉진한다.

❺ 사용 방법

- 손을 소독한다.
- 터번으로 머리카락을 감싼다.
- 붓을 이용하여 클렌징로션 혹은 엑스폴리에이션 파우더를 바른다.
- 사용 부위에 적합한 브러시를 선택한다.
- 브러시 손잡이를 맞물리는 소리가 날 때까지 끼운다.
- 브러시를 물에 적신 후 여분의 물기는 티슈로 눌러 제거한다.
- On 스위치를 켜고 브러시의 속도나 방향을 조절한다.
- 회전하는 브러시는 피부에 직각으로 유지하며 진행한다.
- 브러시 회전은 손목을 이용하지 않고 브러시 자체가 회전하게 한다.

- 목 → 턱 → 뺨 → 이마 → 입술 주변 → 코 → 미간 → 눈썹 순으로 적용한다.
- 콧방울, 입 주변, 눈 주위와 눈썹은 작은 브러시를 사용한다.
- 3~5분 동안 작용한다.
- 브러시는 피부에 자극이 없도록 가볍게 피부 표면에 적용하도록 한다.
- Off 스위치를 끈다.
- 핸드피스에서 브러시를 빼낸다.
- 피부 표면의 남은 클렌저와 노폐물을 닦아낸다.
- 사용 후에는 브러시를 중성세제로 깨끗하게 세척한다.

◦ **브러시 호수에 따른 사용부위**

호수	사용부위
1	눈 입, 콧망울, 콧등과 주변 등 좁은 부위
2	이마, 볼, 턱, 목 등 넓고 평평한 부위
3	목과 팔, 어깨 등 넓은 신체부위

❻ 주의 사항

㉠ 관리 중 브러시를 다른 브러시로 교체할 때에는 반드시 스위치를 끈 상태에서 교체한다.

㉡ 핸드피스(손잡이)는 바닥에 떨어뜨리지 않는다.(고장의 원인).

㉢ 헤어라인이나 목 부분에 머리카락이 흘러내린 경우 엉키지 않도록 조심한다.

㉣ 소독은 중성세제를 사용하여 미지근한 물로 세척한 다음, 습기를 제거한 후 자외선 소독기에 넣어 소독한다.

㉤ 브러시는 사용하기 직전에 보관함에서 꺼내어 사용한다.

❼ 금기 사항

민감성 피부, 일광이나 화상으로 자극된 피부, 모세혈관확장피부, 화농성여드름피부, 알레르기성피부, 화장품에 부작용이 있는 피부, 일광에 심하게 손상된 피부에는 사용을 금한다.

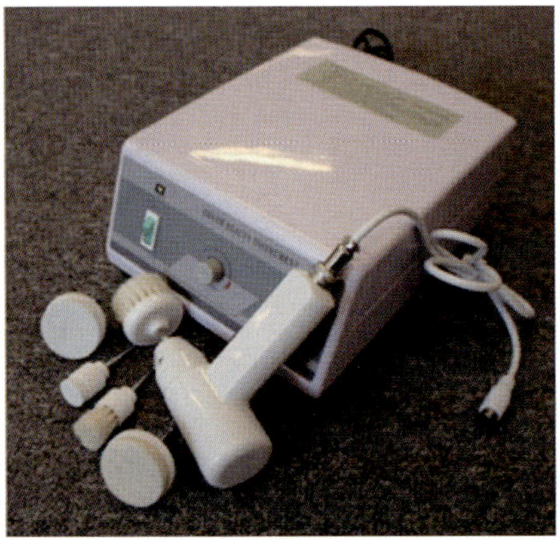

◦ 얼굴관리

❶ 데콜테부터 목 그리고 얼굴까지 브러시가 피부에서 떨어지지 않게 움직인다.

❷ 좌우로 움직이며 쭉 이어지도록 움직인다.

❸ 작은 브러시로 교체 후 입술 주위, 콧방울, 코, 눈, 눈썹 순으로 움직인다.

❹ 브러시가 피부에서 떨어지지 않도록 이어서 반대쪽도 눈썹, 눈, 코, 콧방울, 입술주위 순으로 움직인다.

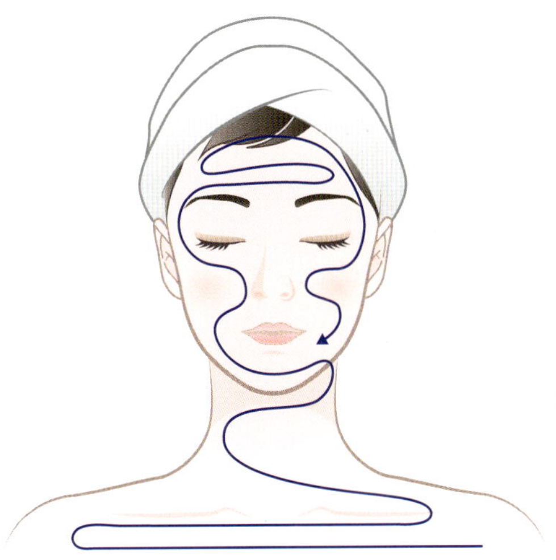

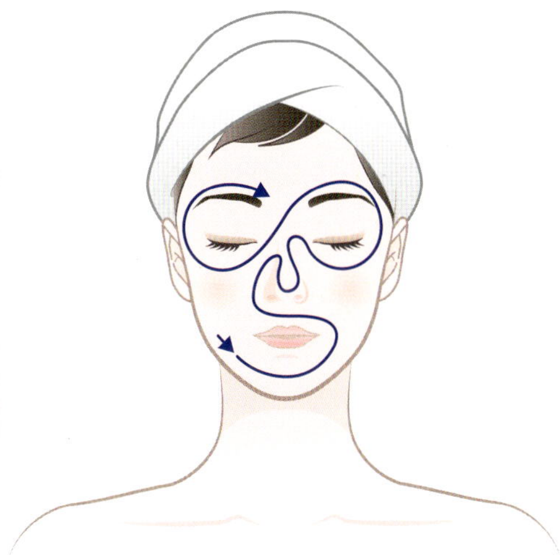

06 / 적외선(infrared rays, 열선)

1. 특징

❶ 원리

적외선 램프는 복사열의 발광 등 성질을 이용해 근적외선 등의 소량의 자외선이 방출되어 피부 심층 침투가 일어난다.

❷ 사용방법

㉠ 금속류 제거 및 관리과정을 설명한다.

㉡ 고객의 눈은 아이패드로 보호한다.

㉢ 고객과 램프의 거리는 50~90cm를 유지한다.

㉣ 직접 접촉을 피하고, 흡수를 높이기 위해 빛이 조사 부위와 평행으로(직각으로) 비춰지도록 한다.

㉤ 피부 반응에 따라 높이와 각도를 조절한다.

㉥ 팩 성분의 흡수를 위해서 사용한다.

❸ 주의 사항

㉠ 관리 시 과도한 홍반과 통증, 부종 및 상처 부위에 출혈 증상이 나타나면 곧바로 중단한다.

㉡ 자외선 적용 전 단계의 사용은 피한다.

❹ 금기 사항

고열증, 급성질환, 심부 종양, 악성종양, 심장 및 신부전증, 종양, 신장염, 등 심장 질환 대상자는 사용을 금한다.

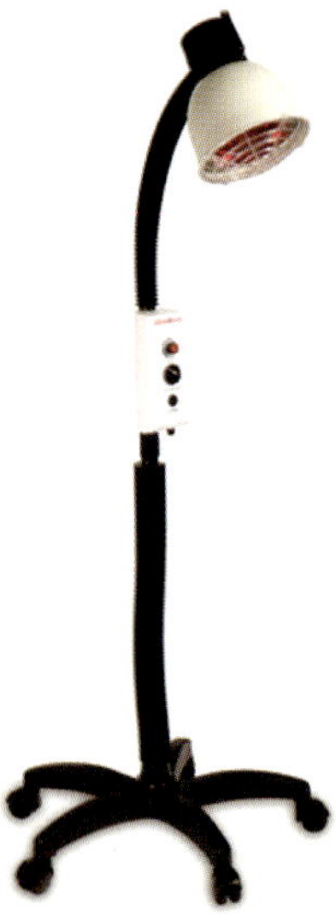

▲ 적외선 램프

07 / 냉온마사지기

고온 및 저온의 열 조절 장치가 내장되어 피부 표면의 온도 변화 자극을 통하여 혈액순환과 신진대사를 촉진시켜주는 기기로서 메이크업 전, 여드름 압출 후, 피부관리 시에 많이 이용되고 있다.

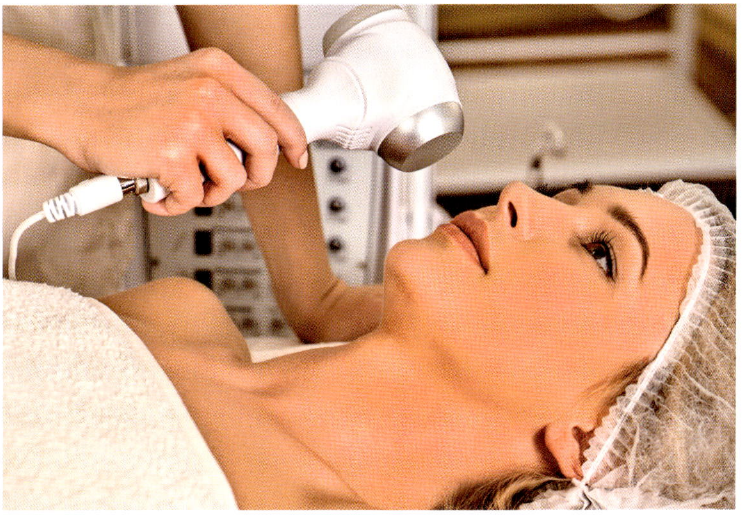

1. 원리 및 효과

고온법(약 38~39°C)과 저온법(19°C)을 교대로 사용하여 적정 온도에 맞추어 혈관과 근조직에 영향을 미치는 미용기기이다. 고온에서는 혈관 확장과 신진대사 촉진작용 및 작용물질 흡수에 도움을 주고, 저온에서는 혈관 수축으로 혈관 강화와 모공 수축 및 탄력 증가의 효과를 나타낸다. 냉온 교대법은 온에서 냉으로 서로 무리없이 바꿀 수 있다.

2. 구성과 사용 방법

❶ 유닛의 기기 본체와 로드(rod)로 구성되어 있다. 로드 단면은 완만한 곡선으로 되어 있어 피부 표면에서 부드럽게 이동할 수 있다.

❷ 피부 상태에 따라 온, 냉을 선택한다.

❸ 목적에 적합한 화장품을 선택하여 도포한다.

❹ 스위치를 켜고 로드를 이용하여 안면 부위를 마사지하듯 굴린다.

❺ 관리 후 스위치를 끄고 로드 표면을 청결히 닦은 후 잘 보관한다.

3. 주의사항

온법 적용 후 냉법을 적용한다.

4. 금기 사항

맥박조정기(신경조정기, pacemaker) 사용자, 인공심장박동기 착용자, 암 환자는 사용을 금지한다. 임산부는 안면에만 주의하여 사용하고 바디 부분 사용은 금지한다.

08 / 진공흡입기(suction machine, vacuum suction, vacuum patter)

1. 특징

진공 흡입 관리는 안면과 신체에 모두 사용할 수 있으며, 벤토즈(ventouse)라는 컵을 이용하여 컵 내에 압력을 감소시킴으로써 컵으로 피부조직을 빨아올려 체내의 림프액과 혈액의 흐름을 빠르게 한다. 집공 흡입관리는 안면과 신체에 모두 효과적인 관리로, 기초대사량을 높이고 림프액의 배수 방향으로 컵을 움직이며 노폐물의 배수를 돕는다. 전신관리에는 큰 컵을 사용한다. 유리나 플라스틱 혹은 금속으로 만들어진 컵의 작은 공기방출구의 구멍을 손가락으로 막아 진공 상태를 유지하며 관리를 하거나 여러 개의 컵을 공기관으로 이은 기기를 이용하여 기계 모터로 컵의 압력을 낮추어 피부조직을 흡입함으로써 관리를 한다.

2. 관리 목적 및 효과

❶ 얼굴관리 시 모공 속의 피지 및 노폐물, 노화된 각질을 제거한다.

❷ 복부, 엉덩이, 대퇴부, 목 등의 지방 제거를 위해 다이어트와 병행하여 관리하고 셀룰라이트(물, 지방, 노폐물로 된 물질로 여성의 둔부 등의 피부에 멍울이 진다고 함) 부위를 풀어 주기 위해 관리한다.

❸ 림프액의 흐름이 빨라진다. 컵 내의 음압으로 피부조직이 컵 속으로 흡입되는데 이때 혈관이 팽창하고 림프액이 모이게 된다. 이것은 혈관이 확장하거나 수축할 때 컵의 움직임에 따라 림프액이 끌려오기 때문이다.

❹ 림프액이 조직에서 배수되어 부종이 줄어든다.

❺ 혈액순환이 증가한다. 림프관이 진공 흡입의 영향을 받는 것과 같이 혈액순환도 영향을 받아 혈액이 정맥과 동맥에서 더 빨리 흐르게 된다. 이것이 신체에 영양과 산소의 공급을 증가시키고 노폐물의 제거를 빠르게 해서 조직의 상태를 좋게 한다.

❻ 혈액순환의 증가는 피부를 따뜻하게 하고 혈관 확장, 홍반을 가져온다.

❼ 진공 흡입으로 인한 혈액순환의 자극은 세포의 기초대사량 증가와 피부 박리를 가져와 피부 상태를 증진시킨다.

❽ 정맥의 흐름이 빨라져 정맥류가 나타나게 된다.(만약 기존에 정맥류가 있다면 진공 흡입이 상태를 악화시킬 수 있으므로 관리를 피한다.)

3. 림프 체계

림프 체계는 혈액순환 체계와 밀접한 관련이 있다. 혈액 성분이 모세혈관벽을 통해 나오면 조직액의 일부가 되는데 동맥압에 의해서 모세혈관벽을 뚫고 조직 사이로 나온 성분 중에 모세림프관을 통해 유입되는 액체를 림프(림프액, lymph)라고 한다. 림프액은 모세림프관으로 유입하여 림프본관, 림프절 등의 기관으로 이동하며 최종적으로 좌우 정맥각으로 유입한다. 이런 과정과 관계되는 것을 일반적으로 림프계라고 한다. 림프가 흐르는 림프관은 근막 아래, 근막, 피부 사이에 존재한다. 림프계의 일반적인 기능은 식균 작용과 이물질 제거에 의한 신체 방어 작용, 면역작용, 혈액에서 유출되는 조직액을 다시 혈액으로 되돌리는 작용을 한다. 림프기관 중 전수집림프관은 1~3층의 내피세포로 되어있고, 안쪽에 2~3mm 간격으로 판막이 있어 모세림프관으로부터 유입한 림프가 다시 역류하지 않도록 해준다. 만약 림프의 흐름이 어떤 부위에서 멈춘다면 그 부위에 부종이 생긴다. 림프액의 유통 속도는 많은 요소에 달려있고 모세혈관으로 흐르는 림프의 양은 동맥과 조직액의 압력에 따라 다르다. 근육의 긴장과 이완은 림프액의 순환을 돕는다. 진공흡입 관리는 림프선을 따라 관리하며 가장 근접한 림프절에서 끝내도록 한다.

4. 진공 흡입기기의 명칭 및 구성

❶ **START** : ON/OFF 스위치

❷ **TIME** : 시간 설정 버튼

❸ **LCD** : 동작 상태를 표시해주는 디스플레이

❹ **PRESSURE** : 압력의 패턴을 선택하는 스위치

❺ **PROGRAM** : 압력 조절 스위치

02 chapter 안면관리기기

01 / 진공흡입기(suction machine, vacuum suction, vacuum patter)

1. 특징

❶ 원리

흡입기의 유리벤토즈를 피부에 밀착시켜 공기구멍을 막으면 흡입력에 의하여 피부가 끌어당겨지고, 구멍을 열면 다시 원상태로 돌아가는 원리이다. 이때 흡입하는 힘에 의한 피부 자극은 물리적 자극을 주게 되어 마사지 효과를 내게 된다.

❷ 사용 단계

딥클렌징과 마사지 단계에서 사용된다.

❸ 사용 부위 : 얼굴 및 전신

❹ 효과

안면 진공 흡입은 일반적으로 클렌징과 마사지의 효과를 보기 위해 정상, 건성, 지성 피부의 얼굴과 목에 사용된다. 이것은 막힌 모공을 열어주어 여드름성 피부, 건성, 탈수성 피부 상태를 개선시켜 준다.

㉠ 얼굴관리 시 모공 속의 피지 및 노폐물, 노화된 각질을 제거한다.

㉡ 지루성 피부에 대한 딥클렌징으로는 증기 연무나 피부 박리 후에 사용하며 죽은 케라틴 세포와 지방을 제거하고 막힌 모낭을 청결히 한다.

㉢ 림프 흐름을 이용한 노폐물의 제거 속도를 빠르게 하고 혈액순환을 증가시켜 영양과 산소의 공급으로 피부의 상태를 개선시킨다.

㉣ 물리적 자극으로 모세혈관의 투과성이 증가되어 마사지 효과를 높인다.

ⓜ 경화된 셀룰라이트 부분을 연화시켜 분해하기 쉽도록 한다. 림프액과 혈액 순환을 촉진시킨다.

❺ 사용 방법

ⓐ 벤토즈의 움직임을 원활하게 하기 위해 크림이나 오일을 얇게 펴 바른 후 사용한다.

ⓑ 목적과 부위에 따라 얼굴과 목 부위, 코 부위, 눈 부위에 적합한 벤토즈를 선택하여 사용한다.

ⓒ 흡입력의 강도를 확인하기 위하여 관리사의 손등이나 팔목 안쪽에 테스트해 본다.

ⓓ 피부에 직각으로 대고 검지로 벤토즈의 측면 구멍을 막았다 떼었다 하면서 공기압을 조절하면서 시술한다.

ⓔ 한 부위에 2~3회만 반복한다.

ⓕ 10~15분 정도 시술한다.

ⓖ 먼저 얼굴용 큰 벤토즈를 사용한 후 작은 벤토즈로 바꿔서 해준다.

ⓗ 스티머와 함께 사용하면 더욱 효과적이다.

ⓘ 사용 후 벤토즈는 비눗물이나 알코올로 소독한다.

❻ 주의 사항

ⓐ 벤토즈가 깨지거나 금이 가지 않게 주의한다.

ⓑ 눈 주위나 목젖 부분에는 사용하지 않는다.

ⓒ 피부에 크림이나 오일을 발라서 피부의 부담과 자극을 덜어준다.

ⓓ 얼굴관리 시에는 벤토즈 안으로 20% 정도 피부를 흡입해서 사용한다.

ⓔ 한 부위에 너무 오래 사용하면 멍이 생길 수 있으므로 주의한디.

ⓕ 딤프액의 배수 방향으로 벤토즈(유리관)를 움직인다.

ⓖ 벤토즈는 중성세제로 세척 후 습기를 제거하고 자외선 소독기에 넣어 소독 후 보관함에 보관한다.

ⓗ 벤토즈는 사용하기 직전에 보관함에서 꺼내어 사용한다.

❼ 금기 피부

모세혈관확장피부, 극예민피부, 감염성 피부, 멍든 피부, 상처 부위, 여드름피부, 로사시어 등의 피부와 베인 상처, 정형된 부분, 머리, 귀 등의 부분에는 사용을 금한다.

2. 안면 진공 흡입기기의 사용

❶ 기기 사용 방법

㉠ 기기의 뒷면에 있는 메인스위치를 ON 위치에 놓는다.

㉡ PROGRAM 스위치를 이용하여 원하는 프로그램을 선택한다.

㉢ TIME 스위치를 이용하여 적당한 시간을 설정한다.

㉣ PRESSURE 스위치를 이용하여 부위별로 적당한 압력을 설정한다.

㉤ START 버튼으로 시작한다.

❷ 얼굴 관리

PROGRAM	FACE
LEVEL	100mmHg
TIME	10~15min

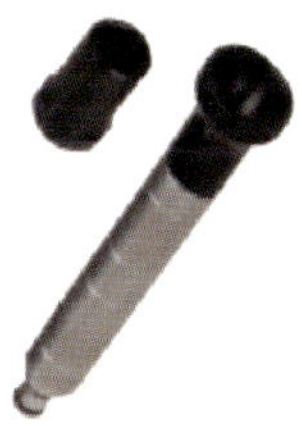

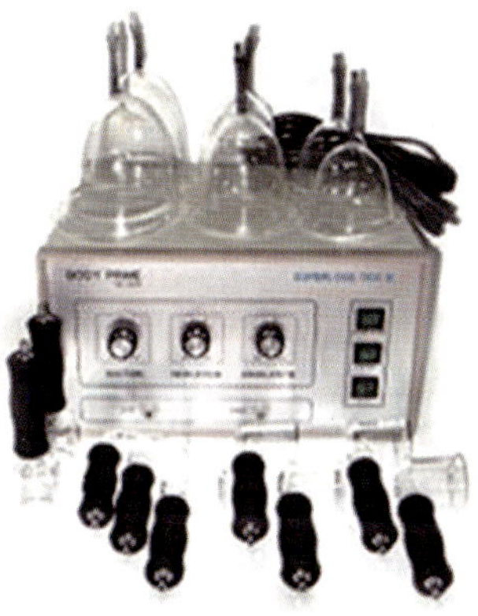

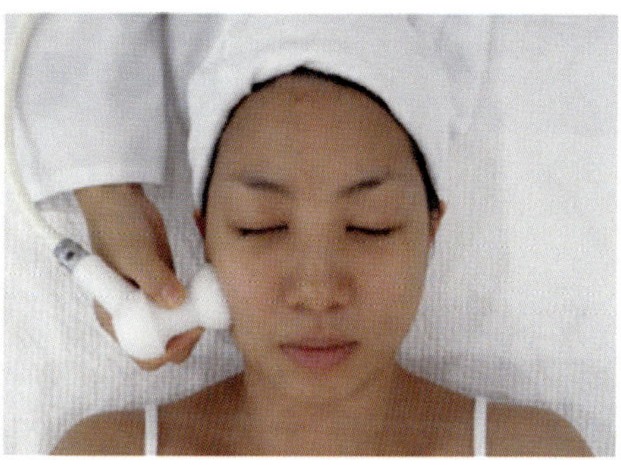

01

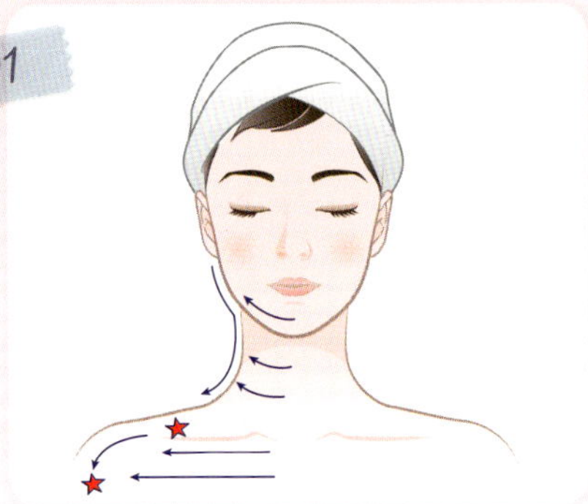

목 부위 흉쇄유돌근을 액와로 빼준다.

02

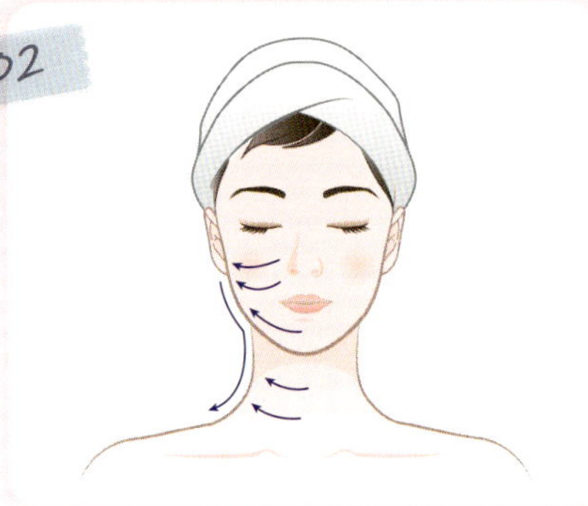

턱선과 볼을 귓불 방향으로 모아 쇄골 위쪽 터미누스로 배농해준다.

03

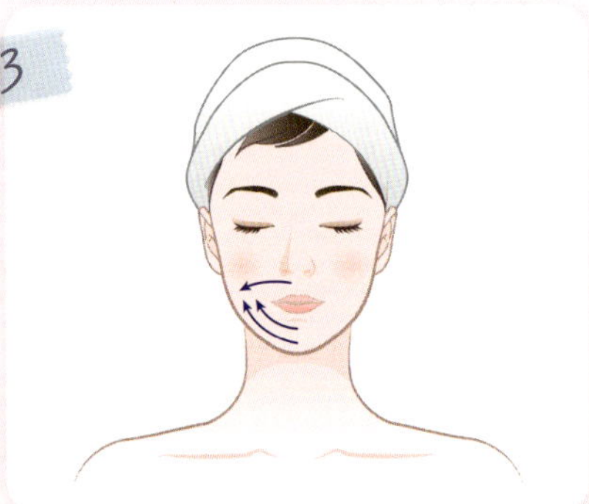

턱에서 귀 앞으로 림프 방향을 따라 배농한다.

04

부위별로 눈, 입 주위를 림프 방향으로 배농한다.

05

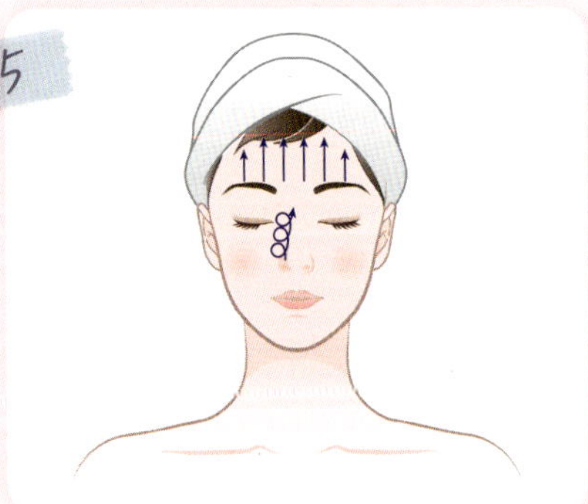

코와 이마 부위를 림프 방향으로 배농한다.

06

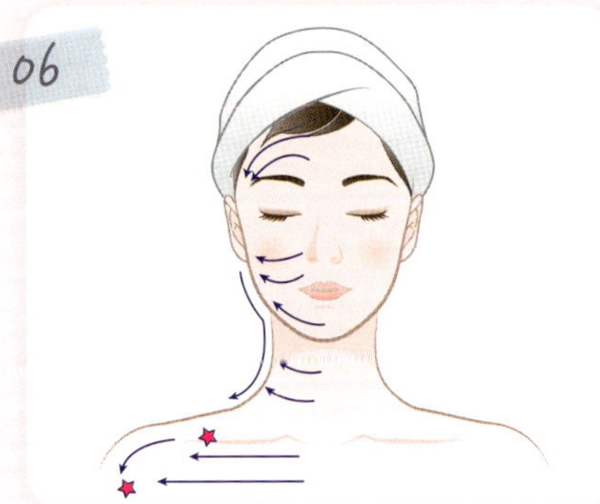

데콜테부터 얼굴 전체를 림프 방향으로 배농한다.

◦ 두개 안면부의 림프관과 림프절

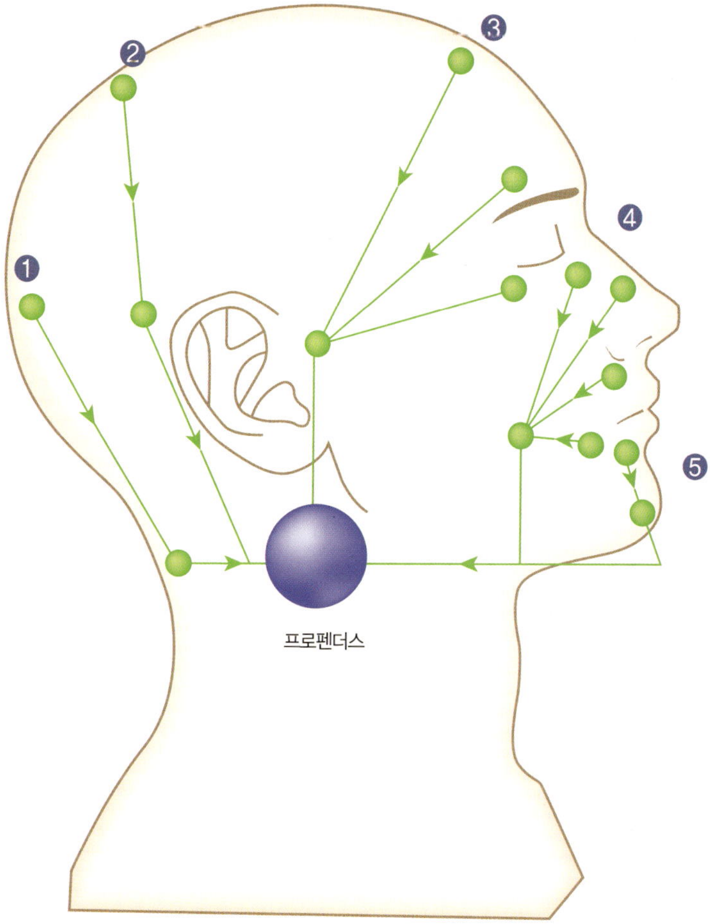

❶ 후두림프절(관) 담당 피부 영역 : 후두, 목의 상부

❷ 후이개림프절(관) 담당 피부 영역 : 두청, 귀의 뒷면

❸ 전이개림프절(관) 담당 피부 영역 : 이마, 윗 눈꺼풀, 아래 눈덩이(바깥), 귀의 앞면

❹ 악하림프절(관) 담당 피부 영역 : 아래 눈덩이(내측), 코, 윗입술, 볼

❺ 이하림프절(관) 담당 피부 영역 : 아랫입술, 턱

▲ 두개 안면부의 림프관과 림프절

02 / 갈바닉 기기(galvanic machine, ionos)

1. 디스인크러스테이션(disincrustation)

퇴적물층을 벗겨낸다는 뜻을 가졌으며, 갈바닉 전류를 이용한 화학적 딥클렌징을 말한다. 디스인크러스테이션은 모낭에 있는 피지 침전물이나 분비물의 찌꺼기 같은 노폐물을 분해하는 데 사용한다.

❶ 원리

알칼리성 용액을 침투시켜 피지나 노폐물 그리고 먼지 등을 제거한다. 음이온은 양이온을 잡아당기는 성질을 이용한다.

❷ 사용단계

딥클렌징 단계에서 사용된다.

❸ 사용부위 : 얼굴

❹ 효과

㉠ 각질과 모공 속 노폐물 제거에 효과적이다.

㉡ 복합성의 피부의 T-zone 부위, 지성 · 여드름 피부에 효과적이다.

㉢ 모공이 확장되고 각질을 녹이는 효능이 있다.

❺ 사용 방법

㉠ 고객의 모든 금속 장식물은 다 제거한다.

㉡ 기계에 대해 고객에게 설명한다.

㉢ 젖은 거즈나 화장솜을 도자에 단정히 감는다.

㉣ 고객의 팔이나 등에 비활성극 도자를 댄다.

㉤ 식염수나 세정 앰플을 도포한다.

㉥ 기계를 다이얼 '0'에 둔다.

㉦ 도자를 먼저 이마에 댄 후에 천천히 움직이면서 스위치를 켠다.

㉧ 다이얼을 돌려 천천히 전류 세기를 높인다.

ⓧ 도자가 한 부위에 오래 머무르지 않고 피부와 닿는 면적은 최대가 되도록 밀착하며 움직인다.

ⓧ 도자를 피부에 댄 상태에서 천천히 다이얼을 내리고 끈다.

ⓚ 도자에 감겨진 화장솜이나 거즈를 제거한다.

❻ 주의 사항

㉠ 얼굴은 0.2~0.6mA를 사용한다.

㉡ 도자를 이마나 턱에 먼저 댄 후에 천천히 움직이면서 스위치를 켠다.

㉢ 눈 주위를 할 때는 전류가 통하지 않게 주의해야 한다.

㉣ 꼭 수용성 앰플을 사용한다.

㉤ 찌릿찌릿한 느낌이 날 수도 있다고 미리 설명해야 한다.

㉥ 반드시 도자를 피부에 댄 상태에서 끈다.

2. 이온영동법(iontophoresis)

❶ 원리

피부에 전위차(電位差)를 주어 피부의 전기적 환경을 변화시킴으로써 이온성 약물의 피부 투과를 증가시키는 방법으로, 직류전류를 이용하여 피부 침투가 잘 되지 않는 이온물질 즉, 양이온은 양극, 음이온은 음극을 이용하여 물질의 이온과 같은극을 활성화시켜 피부 침투가 어려운 수용성 화장품의 유효성분을 피부 깊이 침투시키는 원리이다. (-) 이온 직류전류인 (-) 이온은 알칼리 반응으로 피부를 활성화시키며 재생관리 및 영양액을 진피까지 침투시키는 역할을 한다. 마이크로 전류를 이용하여 피부 깊은 곳에 있는 색소에까지 이온화된 비타민 C를 투입, 기미, 삽티, 주근깨 등을 관리할 수 있다. (+) 이온 직류전류인 (+) 이온은 피부를 진정시키고 모공을 수축시키며 특히 여드름 관리 효과 및 클렌징 효과가 뛰어나다.

❷ 사용 단계

클렌징과 영양침투 단계에서 사용된다.

❸ 사용 부위 : 얼굴 및 전신

❹ 효과

㉠ 침투가 어려운 수용성 물질을 피부 깊숙이 침투시킨다.

㉡ 혈액순환을 촉진시키고, 신진대사를 원활히 한다.

㉢ 색소침착 부위에 미백효과를 준다.

㉣ 피부 조직 내에 보습력을 증가시킨다.

㉤ 피부의 재생력을 향상 및 촉진시킨다.

㉥ 림프순환을 촉진시킨다.

❺ 사용 방법

㉠ 고객의 모든 금속 장식물은 다 제거한다.

㉡ 기계에 대해 고객에게 설명한다.

㉢ 젖은 거즈나 화장솜을 도자에 단정히 감는다.

㉣ 고객의 손목이나 팔 등에 비활성극 도자를 댄다.

㉤ 스포이드로 앰플을 충분히 도포시킨다.

㉥ 기계를 다이얼 '0'에 둔다.

㉦ 이마에 봉을 대고 굴려주면서 다이얼을 돌려 천천히 전류 세기를 높인다.

㉧ 도자가 한 부위에 오래 머무르지 않고 피부와 닿는 면적은 최대가 되도록 움직인다.

㉨ 데콜테까지 충분히 흡수시킨다.

㉩ 도자를 피부에 댄 상태에서 천천히 다이얼을 내리고 끈다.

㉪ 도자에 감겨진 화장솜이나 거즈를 제거한다.

㉫ 관리 후 남은 수용성 물질은 영양을 침투시킨 것이므로 닦아내지 않는다.

❻ 금기 사항

인제 내의 금속판, 금속핀이 있는 사람, 임산부, 찰과상, 전기에 과민한 사람, 당뇨병 환자, 인공심박기, 신장기 착용자, 썬번 및 화상을 입은 사람은 사용을 금한다.

❼ 이온 영동법 관리 방법

◦ 이온 영동법 관리 방법 – 1

MODE		(–), (+) ION
LEVEL		LOW
TIME		10min
1번	2번	

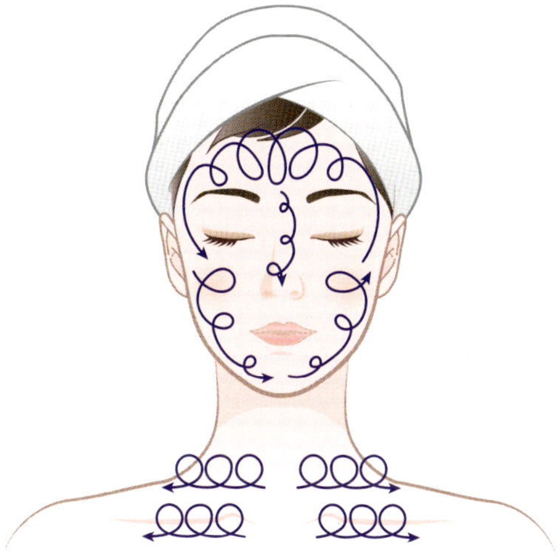

㉠ 1번 전극봉을 고객의 손에 쥐게 한다.

㉡ 2번 핀셋에 젖은 화장솜이나 거즈를 도톰히 감는다.

㉢ 관리 목적에 맞는 전극을 선택한다.

㉣ 얼굴에 관리 목적에 맞는 앰플을 도포한다.

㉤ 얼굴에 도포한 앰플을 2번 핀셋에 젖은 화장솜이나 거즈에 충분히 묻혀준다.

㉥ 여분의 앰플을 스포이드에 담는다.

㉦ 관리는 이마에서부터 시작한다.

㉧ 반드시 관리사의 한 손으로 앰플이 도포된 2번 핀셋을 고객에 이마에 댄 상태에서 다른 한 손을 이용하여 시작 버튼을 누르고 시작한다.

ⓩ 액세서리가 얼굴에서 떨어지지 않게 연결하여 데콜테까지 테크닉한다.

⓪ 앰플이 도포된 화장솜이나 거즈가 가능한 한 피부 표면과 넓게 접촉하게 테크닉한다.

ⓚ 테크닉을 하는 동안 얼굴에 충분한 앰플이 도포되도록 스포이드에 담은 앰플을 수시로 바른다.(이때 관리하는 동안 2번 핀셋이 고객의 얼굴에서 떨어지지 않도록 주의한다.)

ⓔ 얼굴과 데콜테를 전체적으로 부드럽게 러빙한다.

출처 : 에스디엠메티컬
http://www.sdmnd.com/product/detail.html?product_no=109&cate_no=82&display_group=1

◦ 이온 영동법 관리 방법 – 2

MODE	LIFTING
LEVEL	LOW
TIME	10min

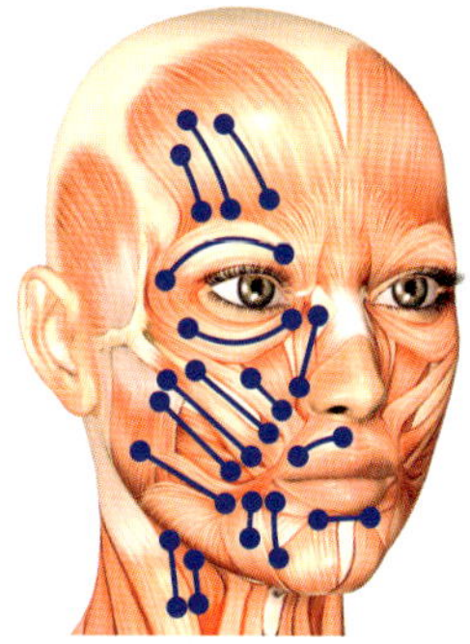

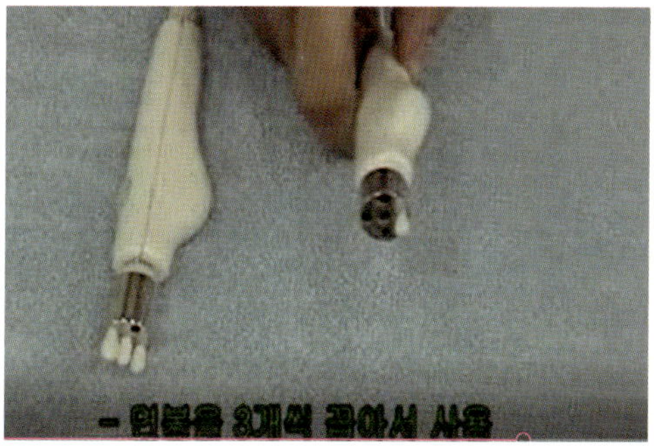

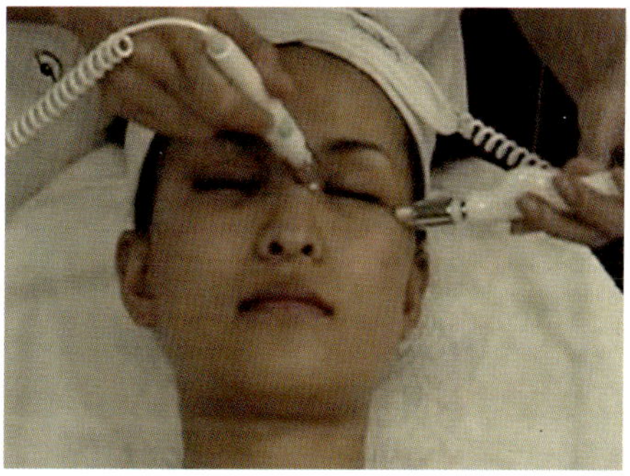

㉠ LIFTING (–), (+) 이온전류가 교차로 흐르면서, 피부의 탄력성을 증대시킨다. 리프팅을 선택한 후 강도 조절 버튼으로 LOW, MEDIUM, HIGH(약, 중, 강) 출력의 세기를 선택하여 사용한다.

㉡ 시작버튼을 누른다.

㉢ 두 개의 전극봉을 이용하여 이마에서부터 시작한다.

◦ 이마 부위

㉠ 두 봉이 반대 방향으로 향하게 하여 이마 부위 피부를 전체적으로 살짝 들어 올리듯이 집어준다. 5초간 머무른다.

㉡ 이마 부위를 전체적으로 눈썹에서 이마의 발모 부위까지 두 봉을 나란히 하여 끌어올려준다.

◦ 눈 부위

㉠ 한쪽 봉을 고정하여 두고 나머지 봉을 이용하여 부드럽게 돌려준다.

㉡ 한쪽 눈의 위쪽과 아래쪽을 한 번씩 돌려준 후 나머지 눈을 같은 방법으로 관리한다.

◦ 코 부위

㉠ 두 개의 봉을 동시에 콧볼의 양옆에서 콧등과 미간을 지나 이마 중앙의 발모 부위까지 부드럽게 올려준다.

㉡ 두 개의 봉을 동시에 콧볼의 양옆에서 콧등을 지나 미간에서 서로 엇갈리게 굴려준 후 이마 중앙의 발모 부위까지 부드럽게 올려준다.

◦ 입 부위

㉠ 두 개의 봉을 코끝 인중에 서로 마주보게 놓은 후 양 입술의 끝을 향해 벌려주듯이 이동시킨다. 양 입술의 끝에 다다르면 5초간 머무른다.

㉡ 두 개의 봉을 아랫입술의 중간에 마주보게 놓은 후 양 입술의 끝을 향해 벌려주듯이 이동시킨다. 양 입술의 끝에 다다르면 5초간 머무른다.

◦ 턱 부위

㉠ 고객의 얼굴을 한쪽으로 기울인다.

㉡ 두 봉을 입술 아래, 턱 중앙에 나란히 놓은 후 귀밑, 턱의 각을 향해 부드럽게 당겨준다. 5초간 머무른다.

㉢ 두 봉을 입꼬리 아래에 나란히 놓은 후 귀밑, 턱의 각을 향해 부드럽게 당겨준다. 5초간 머무른다.

㉣ 두 봉을 턱선에 나란히 놓은 후 귀밑, 턱의 각을 향해 부드럽게 당겨준다. 5초간 머무른다.

◦ 볼 부위

㉠ 고객의 얼굴을 한쪽으로 기울인다.

㉡ 볼 부위를 3등분하여 등분된 각 부위를 턱선에서 관골 부위까지 부드럽게 당겨준다. 5초간 머무른다.

㉢ 두 봉을 턱선에 나란히 놓은 후 귀밑, 턱의 각을 향해 부드럽게 당겨준다. 5초간 머무른다.

㉣ 두 봉을 입꼬리 아래에 나란히 놓은 후 귀 앞을 향해 부드럽게 당겨준다. 5초간 머무른다.

㉤ 두 봉을 입꼬리위, 콧볼 아래 볼 주름부위에 나란히 놓은 후 눈꼬리를 향해 부드럽게 당겨준다. 5초간 머무른다.

㉥ 두 봉을 콧볼 옆에 나란히 놓은 후 관자놀이를 향해 부드럽게 당겨준다. 5초간 머무른다.

03 / 저주파기기

❶ 사용법

㉠ 먼저 패치를 붙일 부위를 정한다.

㉡ 라인색에 패치를 연결해서 근육에 붙인다.

㉢ 패치를 밴드 등으로 고정시켜 준다.

㉣ 400Hz 또는 600Hz 중 고객의 상태에 맞게 주파수를 선택한다.

㉤ 스타트 버튼을 눌러 관리를 시작한다.

㉥ 전원, 체인지, 모드(헤르츠), 프로그램(인터벌), 다이얼을 1~6번까지 조금씩 나눠서 볼륨을 올린다.

㉦ 고객의 근육 움직임을 주시하면서 원하는 근육 수축에 이르게 한다.

㉧ 세팅된 시간 동안 관리한다.

㉨ 세팅된 관리 시간이 다 되면 1~6번까지 조금씩 나눠서 볼륨을 줄이고 전원을 끈다.(관리가 끝나면 기기는 자동적으로 꺼지게 된다).

㉩ 밴드와 전극패치를 제거한다.

㉪ 패치는 일회용이므로 버리고 라인잭을 잘 정리한다.

㉫ 주 2~3회, 10분씩 관리한다.

얼굴의 패치는 근육 자체가 너무 작아 근육의 기착점에 (+), (–) 패치를 붙이기보다는 근육의 움직임이 있는 곳에 붙이는 개념이다.

∘ 얼굴근육과 얼굴패치 부착점

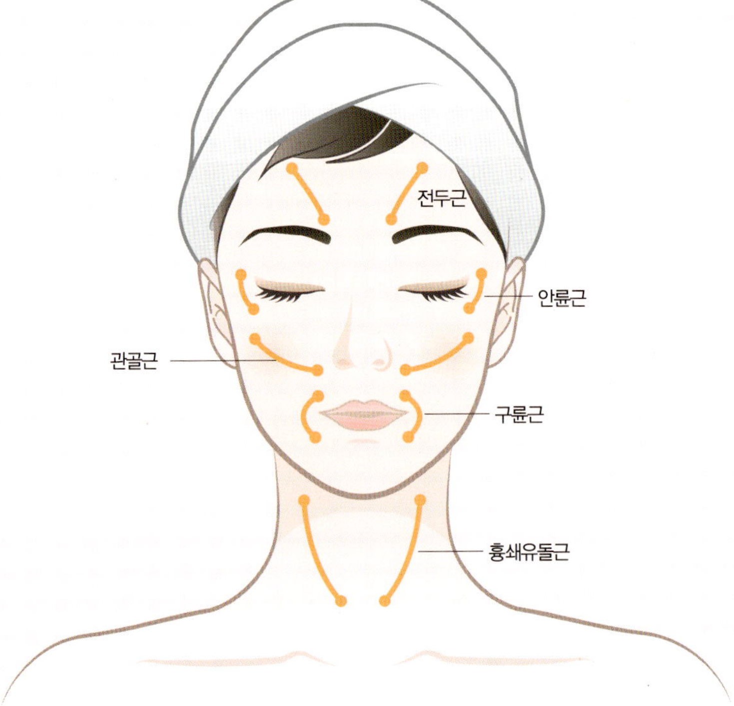

❷ 기기 관리법

㉠ 전원의 상태가 220V인지 확인한다.

㉡ 작동 전에 모든 스위치가 꺼져 있는 상태인지 확인한다.

㉢ 전압계의 6개 손잡이가 모두 '0'을 가리키고 있는지 확인한다.

㉣ 1번 선부터 6번 선까지 순차적으로 집게를 프로그램에 맞추어 판에 연결시킨다.

㉤ 관리 시간의 타이머를 맞춰 놓는다.

㉥ 세팅된 시간 동안 관리가 끝나면 스위치를 모두 '0'의 상태로 돌린다.

㉦ 밴드와 전극패치를 제거한다.

㉧ 연결선을 잘 정리하여 가지런히 놓는다.

04 / 고주파기기

1. 테슬라(tesla) 고주파를 이용한 직접법

◦ 테슬라 고주파 ◦

테슬라 고주파는 크로아티아 출신의 미국 과학자 니콜라 테슬라의 이름을 따서 만든 이름으로 고주파의 한 종류이다. 테슬라 코일이란 불꽃 방전에 의해서 만든 고주파의 전류를 고압 변압기로 바꾸는 장치로, 방전 시 공기를 이온화해서 오존(O_3)을 발생시켜 살균 및 피부 자극 효과를 주는 전류이다. 테슬라 전류는 뭉친 근육의 경직을 풀거나 지속적 자극을 주어 뭉쳐진 근육을 완화시키는 기능을 한다. 고주파 전류는 가스의 종류에 따라서 유리전극을 통과할 때 미세한 섬광을 방출시키면서 다른 색상을 나타내는데, 네온가스 첨가 시에는 오렌지색을, 아르곤 가스 첨가 시에는 보랏빛을 나타낸다.

❶ 사용 방법

㉠ 지성 · 여드름피부에 8~10분, 건성피부에는 3분 정도 적용한다.

㉡ 고객에게 눈을 감게 하고 마른 거즈를 도자에 고무줄로 감는다.

㉢ 고객의 얼굴에 고주파 크림을 바른다.

㉣ 고객이 놀라지 않게 관리 중 따가울 수 있음과 오존으로 인한 향에 대해 미리 알린다.

㉤ 관리사는 한 손에 유리 전극봉을 잡고 이마에서 움직이면서, 다른 한 손으로 전원을 켠다.

㉥ 천천히 주파수를 올린다.

㉦ 얼굴과 데콜테 전체를 천천히 원을 그리며 가볍게 움직인다.

㉧ 마무리는 유리관을 피부에서 움직이면서 주파수를 내리고 전원을 끈다.

㉨ 유리관은 소독제를 묻힌 퍼프로 닦아 보관함에 보관한다.

*** 크로아티아 출신의 미국 과학자 니콜라 테슬라**
테슬라 변압기 발명과 교류유도전동기, 무선 전구 제작 등 여러 발명품을 만들어 냈다. 자기장의 자속밀도의 단위인 테슬라(T)도 이 사람의 이름에서 따왔으며 테슬라 코일 등으로도 유명하다.

❷ 주의 사항

㉠ 고객의 액세서리 제거를 확인한다.

㉡ 유리전극을 차가운 표면에 닿게 하면 깨질 염려가 있으므로 항상 조심한다.

㉢ 유리 전극봉을 다른 모양의 전극봉으로 교환하고자 할 경우 스위치를 끈 상태에서 바꾸어 준다.

㉣ 고객의 손에 반드시 파우더를 충분히 발라준다.

㉤ 기계에 대한 느낌, 고주파 소리, 오존의 냄새 등을 고객에게 알린다.

㉥ 기계를 켜고 끌 때는 얼굴에 유리봉을 대고 움직이면서 한다.

❸ 금기 사항

혈전증, 정맥염, 모세혈관이 심하게 확장되어 있거나 민감한 피부, 임산부, 수술 직후, 심장병, 인공심장박동기 등 인체 내 금속을 착용한 사람, 간질, 피부질환, 고혈압, 저혈압, 편두통 환자에게는 사용을 금한다.

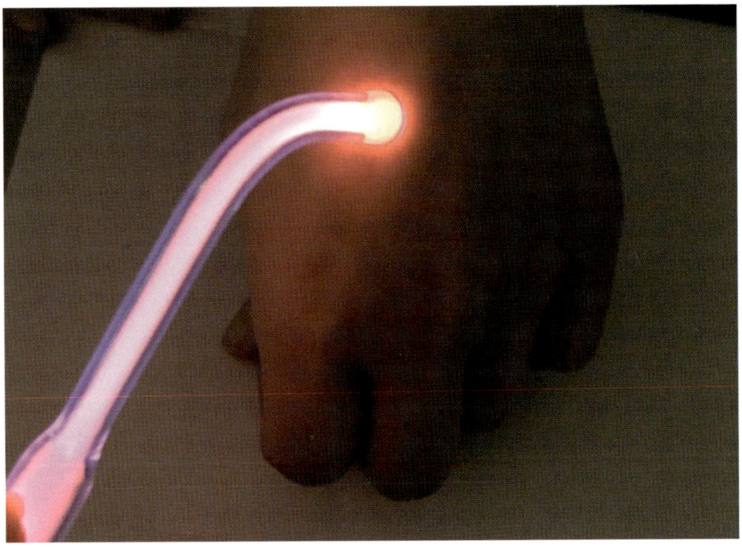

❹ 전극봉의 종류

- 버섯형, 스푼형(얼굴, 데콜테 관리용)
- 빗형(두피 관리)
- 일자봉(간접 관리)
- 달팽이형(스파킹용)
- 말발굽형(어깨 관리)

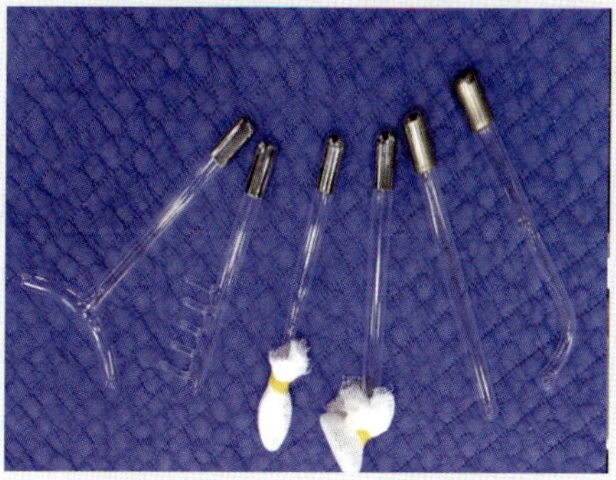

❺ 전극봉의 관리 방향

전극봉을 이용해 이마에서 시작하여, 눈 주위, 볼, 턱, 목, 데콜테 순으로 한쪽 면을 관리 후 다른 한쪽 면을 데콜테, 목, 턱, 볼, 눈 주위, 이마 순으로 쭉 한 번에 이어서 관리한다.

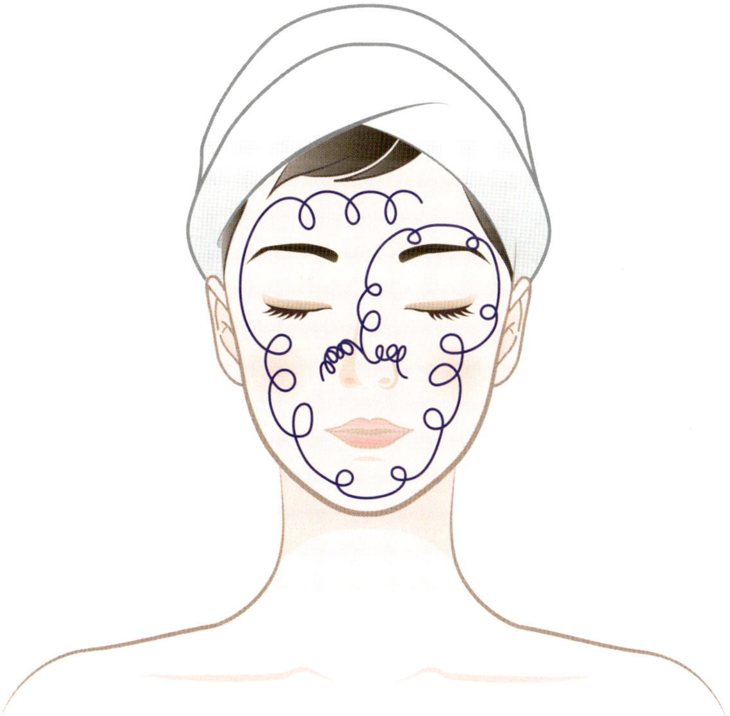

2. 테슬라고주파를 이용한 간접법

❶ 사용방법

㉠ 고객의 손에 파우더를 바른다.

㉡ 얼굴에 고주파크림을 도포한다.

㉢ 고객은 한 손에는 전극봉을, 다른 손에는 홀더를 잡는다.

㉣ 관리사는 한쪽 손으로 롤링하면서 기기를 작동시킨다.

㉤ 베네치안 마사지로 고객의 얼굴과 데콜테를 천천히 마사지한다.

㉥ 건성, 노화피부에 10~15분 정도 적용한다.

㉦ 마무리 시 한 손은 고객의 얼굴에 붙인 상태에서 주파수를 내리고 전원을 끈다.

㉧ 유리관은 소독제를 묻힌 퍼프로 닦아 보관함에 보관한다.

• 스파킹(sparking)법

① 여드름과 농포가 있는 부위에 적용하여 살균 소독의 효과를 얻는다.

② 먼저 관리사의 손에 테스트한 후 고객에게도 테스트를 하여 강도를 조절한다.

③ 0.3~0.6cm 간격을 두고 한 부위에 3번 정도 적용한다.

• 베네치안 마사지

림프 방향으로 아주 천천히, 약한 강도로 애플라지 중심으로 하는 마사지

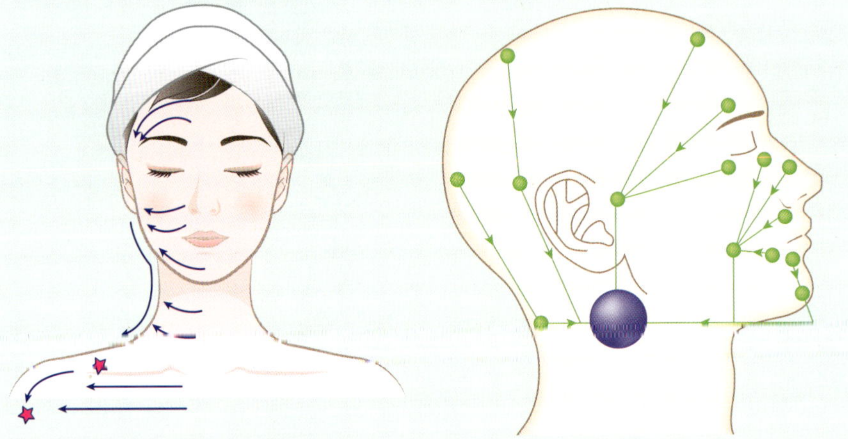

❷ 주의 사항

㉠ 고객의 액세서리 제거를 확인한다.

㉡ 관리 시 전원을 켜고 끌 때까지 고객의 얼굴에서 양손을 다 떼어서는 안 된다.

㉢ 유리전극이 차가운 표면에 닿게 되면 깨질 위험이 있으므로 주의한다.

❸ 금기 사항

정맥염, 편두통, 피부염, 피부장애, 혈전증, 색전증, 임산부, 수술 직후, 인공심장박동기를 착용한 사람, 간질, 치아 내 보철, 저혈압, 고혈압, 심장병, 인체 내 금속 착용자 등은 사용을 금한다.

3. 도자를 이용한 고주파 관리

❶ 기기 사용법

㉠ 피시술자에게 접지판을 접촉시킨다.

㉡ 트리트먼트 모드 선택 주파수를 선택한다.

㉢ 페이스 관리 시에는 0.5MHz 버튼을 누른 후 'FACE' 버튼을 누른다.

㉣ 'ON' 버튼을 눌러 작동을 시작한다.

㉤ LEVEL의 강도는 0에서 시작하며, UP 버튼을 이용하여 강도를 높여준다.

㉥ 시간은 기본적으로 세팅되어 있으며(보통 5분), TIME의 UP 버튼으로 올릴 수 있다. 버튼을 한 번 누를 때 5분씩 올라가거나 감소한다.

㉦ 고주파 크림을 관리 부위에 도포한 후 일렉트로드로 문지르기를 시작한다.

❷ 효과

㉠ 혈액순환, 림프순환을 촉진시켜며, 근육을 풀어주고 지방을 분해해 배출시킨다. 세포를 활성화시켜 피부에 탄력을 주며 얼굴이 축소된다.

㉡ 눈 주위, 목젖, 귀는 관리를 피한다.

◦ 얼굴 관리

MODE	0.5MHz face
LEVEL	50%
TIME	15~20min

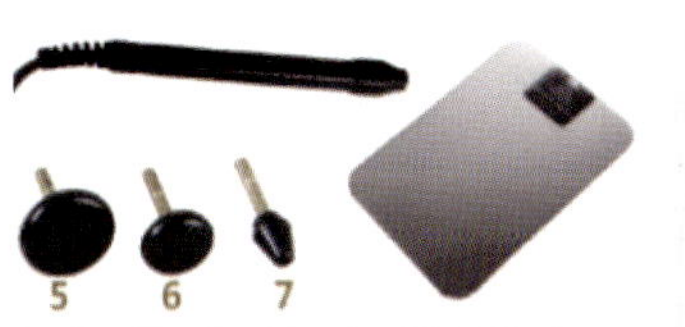

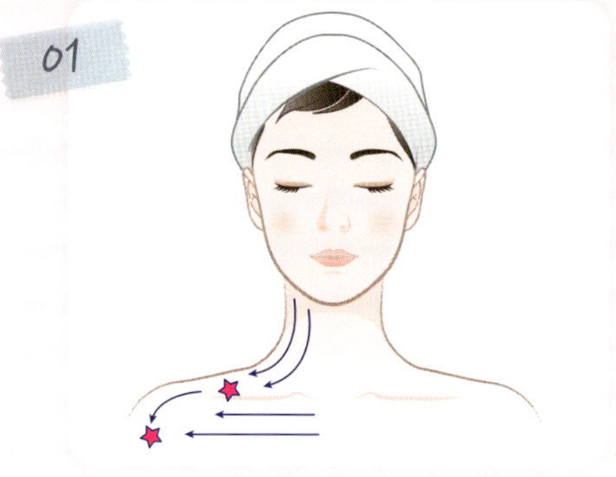

목 부위 흉쇄유돌근에서 액와로 굴려준다.

턱선에서 귓불 방향으로 끌어올린 후 쇄골쪽으로 굴려준다.

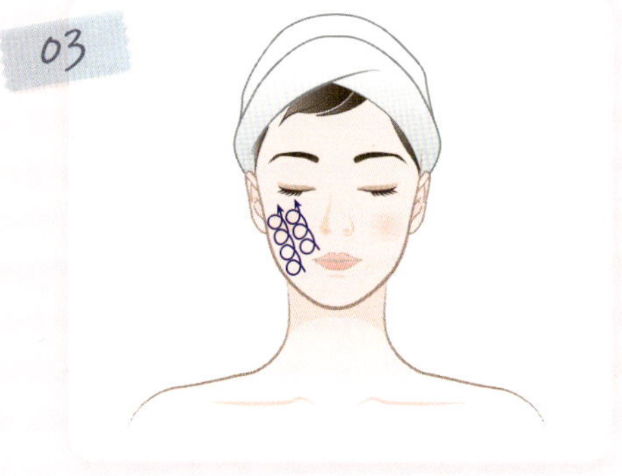

턱선과 볼을 관자놀이 방향으로 굴려준다.

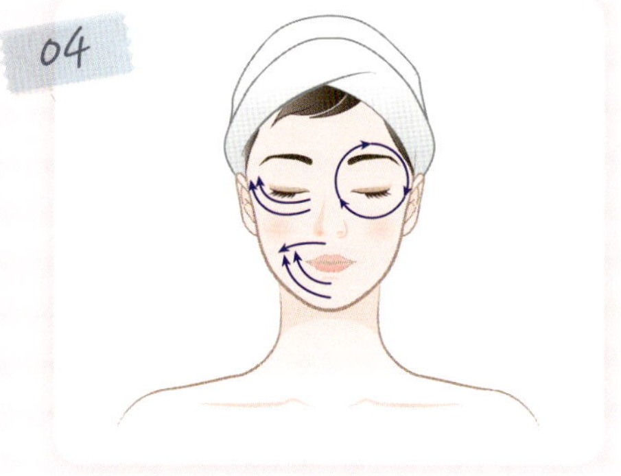

눈과 입 주위를 굴려준다.

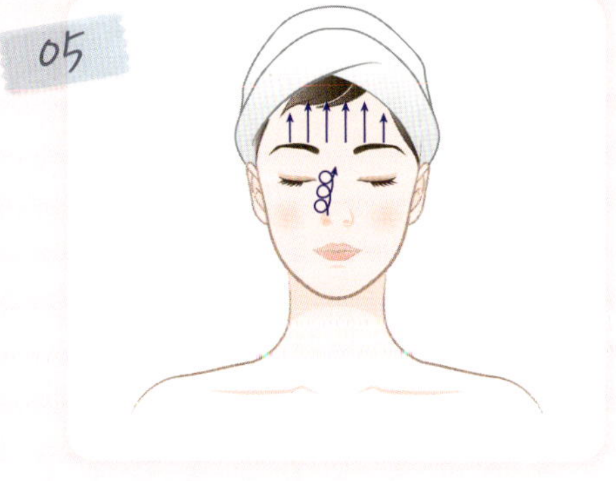

코, 이마 부위를 굴려준다.

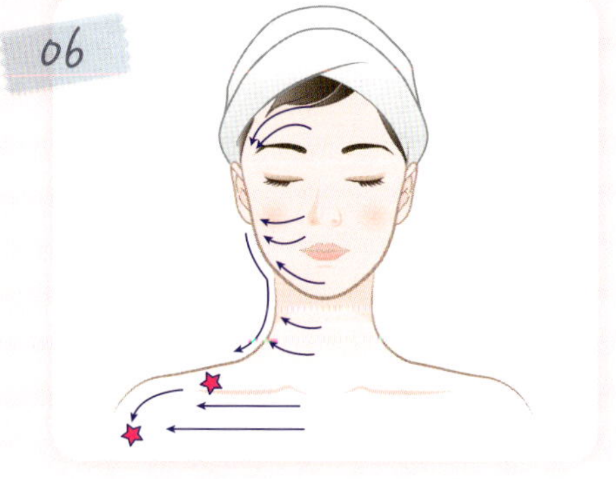

데콜테부터 얼굴 전체를 림프 방향으로 쓸어준다.

05 / 초음파

❶ 사용 방법

㉠ 스파출라를 이용하여 초음파 젤을 바른다.

㉡ 모드를 얼굴(face)로 맞춘다.

㉢ 초음파기기를 이마에 댄다.

㉣ 시작(start) 버튼을 누른다.

㉤ 강도를 조절하며 둥글린다.

㉥ 시간은 기본적으로 세팅되어 있으며(보통 10분), 세팅된 시간 동안 목과 얼굴을 전체적으로 관리한다.

㉦ 세팅된 시간이 끝나면 해면이나 습포로 얼굴의 젤을 닦아낸다.

㉧ 마무리한다.

MODE	FACE
LEVEL	LOW
TIME	15min

01

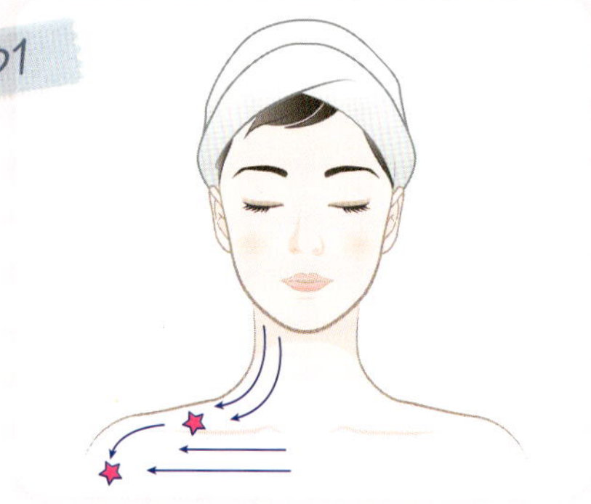

목 부위 흉쇄유돌근을 둥굴려준다.

02

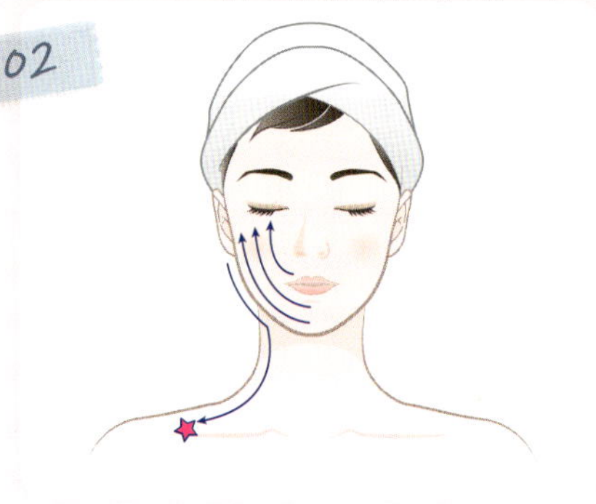

턱선과 볼을 끌어 당기듯 관자놀이를 향해 올린다.

03

턱선을 따라 롤링한다.

04

부위별로 눈, 입 주위를 롤링한다.

05

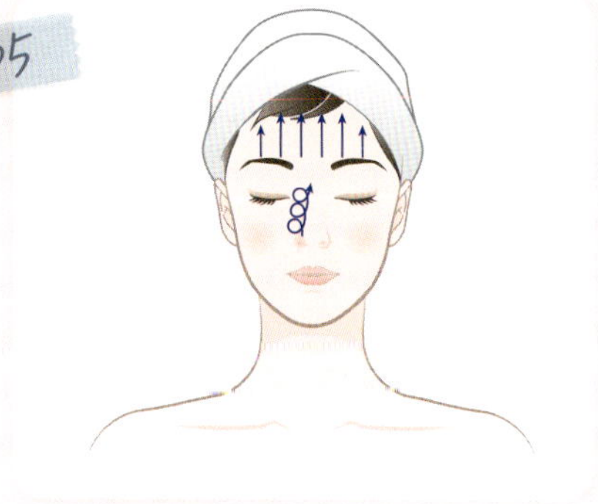

코, 이마 부위를 롤링한다.

06

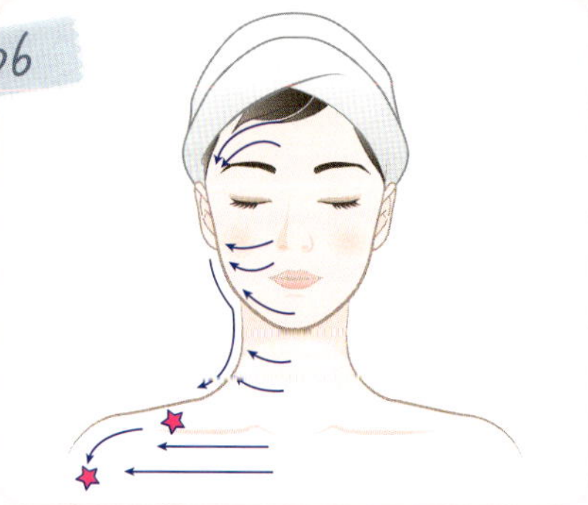

데콜테부터 얼굴 전체를 쓸어 배농해준다.

06 / 스킨 스크러버(Skin scrubber)

1. 기기의 부분 명칭과 기능

기기의 부분 명칭과 기능	액세서리 명칭
스크러버 시간 설정	스킨스크러버 도자
스크러버 강도 조절	
스크러버 시작/정지	
스케일링 선택	
제품 투입 선택	
주름관리 선택	

2. 특징

❶ 원리

스킨스크러버의 주파수는 28,000Hz로서 종래의 미안기에 비하여 낮은 주파수를 사용하므로 큰 에너지를 갖고 침투력도 강하며 안정성 또한 뛰어나다. 28,000Hz의 초음파는 물의 파동 에 맞기 때문에 물속에서 잘 퍼지는 성질을 가지고 있어 인체(약 70%가 수분)에 반응하기 쉽고 안정성이 높다.

❷ 효과

㉠ scaling 효과 : 피부와 모공 속의 노폐물을 제거, 세정, 살균 효과와 Peeling 효과

㉡ permeation : 영양앰플, 에센스를 피부 깊숙이 침투시키는 효과

㉢ lifting : 스크러버의 초음파 발생으로 피부의 근육섬유가 활성화되어, 주름 및 탄력관리 효과

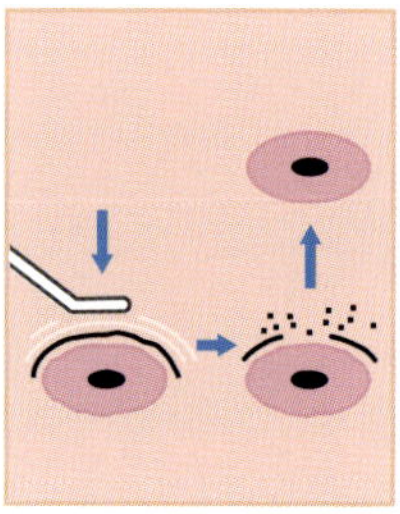

멜라닌 분해

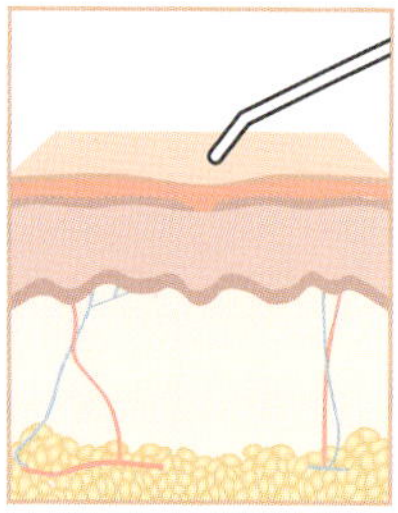

피지 제거

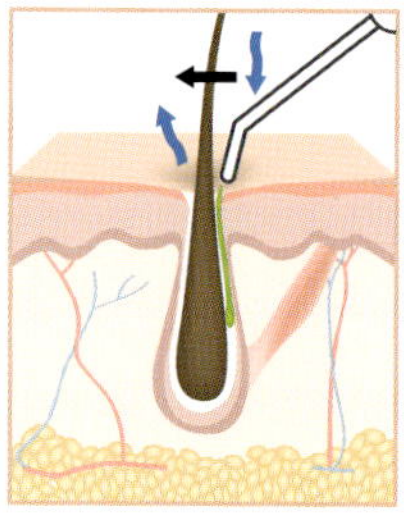

여드름 관리

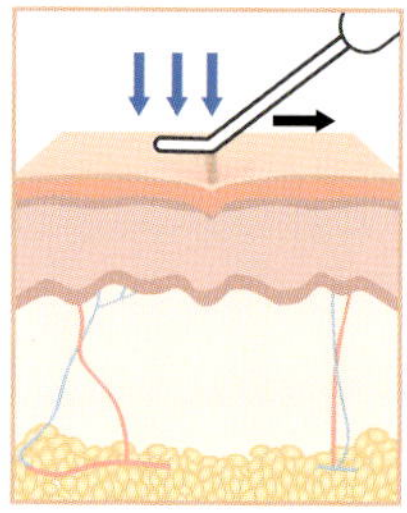

잔주름 관리

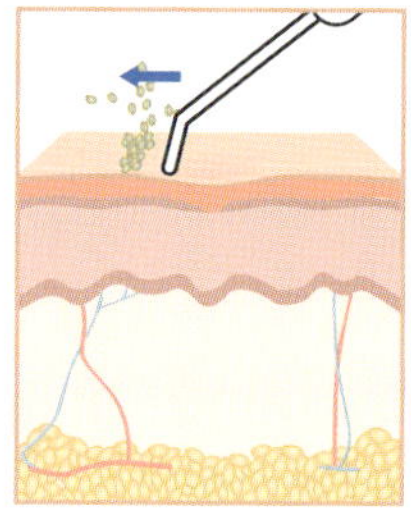

각질 제거

❸ 프로브(PROBE)의 구조

스킨스크러버의 프로브는 주걱 형상을 하고 있고, 세정 시에는 깊이 파서 떠내듯이 움직인다. 초음파의 진동에 의해 물이 옅은 안개처럼 되어 모공에 분사되어 기름, 화장 찌꺼기, 더러워진 것들을 초음파로 유화시켜서 모낭과 같은 분비선으로부터 배출시킨다.

❹ 사용 방법

㉠ 고객이 착용한 금속성 장신구는 모두 제거한다.

㉡ 고객에게 초음파 관리에 대한 설명을 하고 깨끗이 세안이 된 피부에 안면 전용 젤을 도포한다.

㉢ 스위치를 켠 후 전류 세기와 시간을 설정하고 관리를 시작한다.

㉣ 프로브 사용 시 피부 표면과 45°의 각도를 유지하면서 가볍게 이동한다.

㉤ 코드를 본체 뒷면에 있는 SCRUBBER에 연결한 다음 전원 스위치를 ON시킨다.

㉥ 사용할 메뉴를 선택한다. (scaling-크린싱, permeation-제품투입, lifting-주름)

㉦ 시간 설정 버튼을 이용하여 적당한 시간을 입력한다(약 10분).

㉧ 강도 조절 버튼을 이용하여 적당한 강도를 입력한다.

㉨ 시작 버튼을 누른 후 사용한다.

❺ 스킨 스크러버 관리 방법

◦ 방법 – 1

MODE	SCALING
LEVEL	LOW
TIME	5min

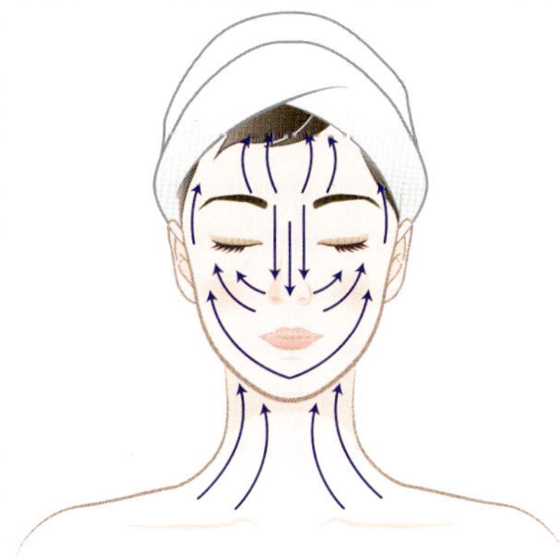

◦ 방법 – 2

MODE	PERMEATION / LIFTING
LEVEL	LOW
TIME	10min

3. 기기 사용 시 주의 사항

❶ 모든 단자에 케이블 및 전원이 올바르게 연결되었는지 확인한다.

❷ 시술 진 금속 액세서리 등은 제거한다.

❸ 기기를 사용하지 않는 경우에는 메인 스위치를 꺼놓는 것이 좋다.

❹ 이온 핀셋에 젖은 솜을 감아 사용한 뒤 시술이 끝나면 바로 솜을 제거한다.

❺ 피부가 약하거나 접촉성 피부염을 가진 고객은 사용을 금한다.

❻ 매뉴얼에 있는 프로그램별 내용을 정확히 파악한 뒤 기기를 사용한다.

03 chapter 두피와 모발 관리기기

01 / 모발 및 두피(HD-PRO) 측정기

❶ 원리

디지털 스코프로 선명한 확대 영상을 통한 피부, 두피 진단, 멀티캠 진단으로 모발 및 두피의 분석, 분석 사진 및 그래프, 데이터를 통해 분석한다.

❷ 측정

고객의 정보를 입력하고, 두피에 대한 간단한 설문조사를 한 후 대상자의 두피 타입을 sample 사진과 비교하여 선택한다. 유분, 모발 밀도, 탈모 정도, 모공 상태, 모발 손상도, 모발 굵기 등을 측정할 수 있다.

❸ 기기 - HD-PRO(Bomtech, KOREA)

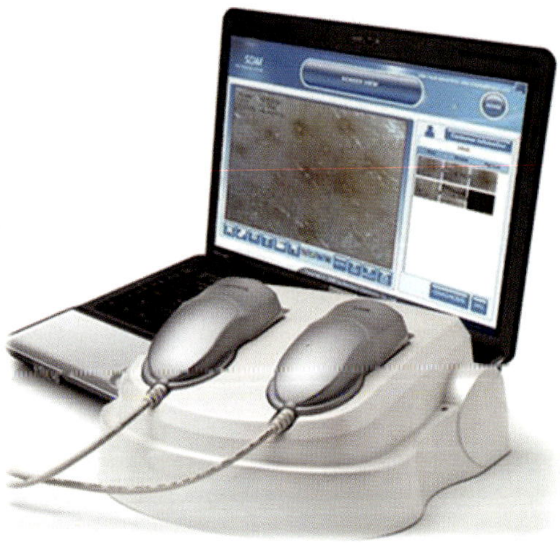

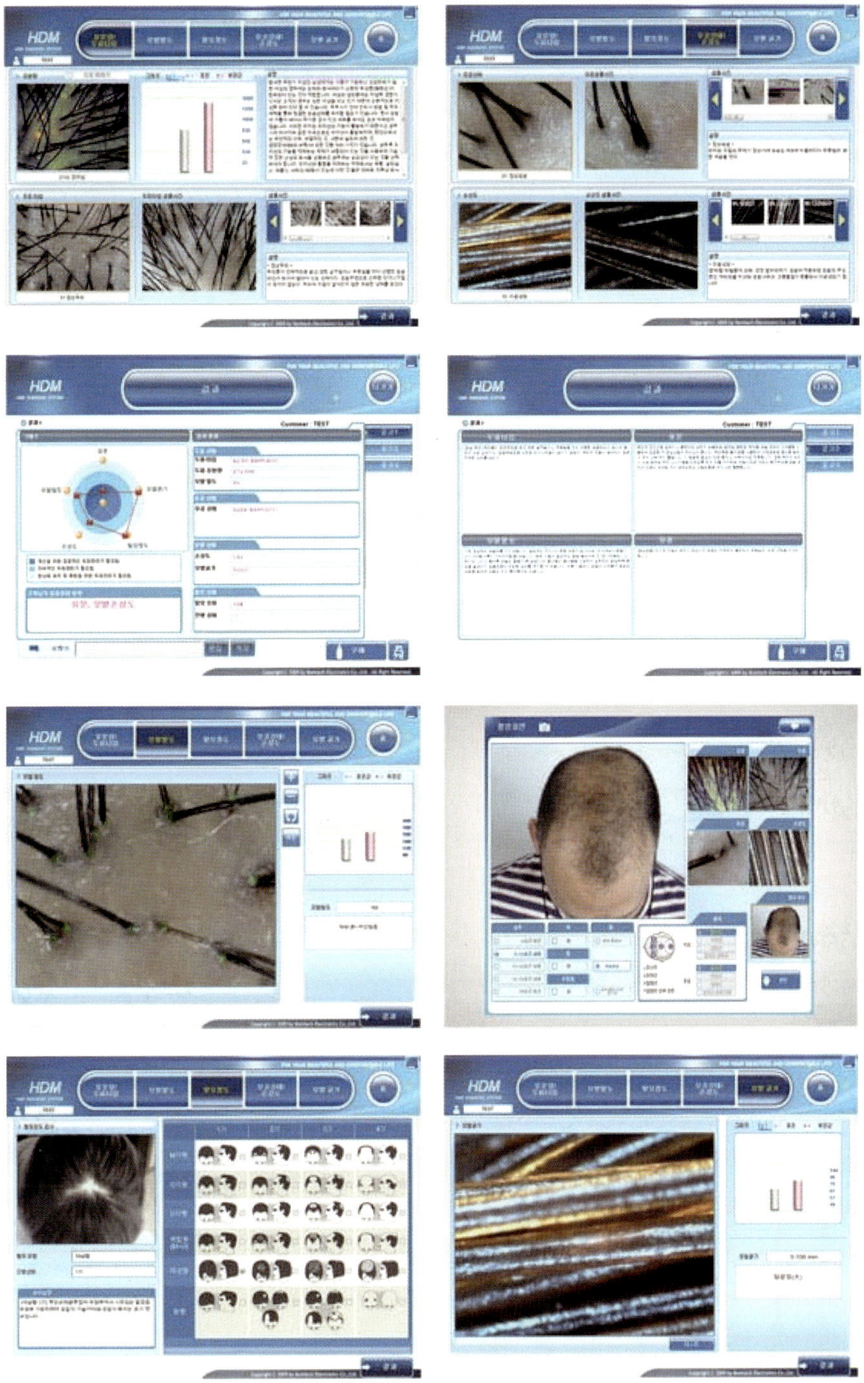

출처 : 현대교역
http://shop-open.co.kr/shop/shopdetail.html?branduid=97168&xcode=075&mcode=000&scode=&type=O&search=&sort=order

02 / 모발 굵기 측정기

❶ 원리

정밀한 고해상의 디지털 방식으로 머리카락 또는 속눈썹 측정이 가능하다.

❷ 측정

측정구에 머리카락을 넣고 돌리면 측정이 된다. 단위는 mm로 디지털 방식으로 LCD에 수치가 표시된다. 머리카락은 사람에 따라 최고 10배 정도 직경에서 차이 나며, 보통 사람들의 경우 평균 0.07mm 내외이다. 수치가 높을수록 머리카락이 굵다.

❸ 기기 : Vernier calipers(CD-15 COX, Mitutoyo Corp, Japan)

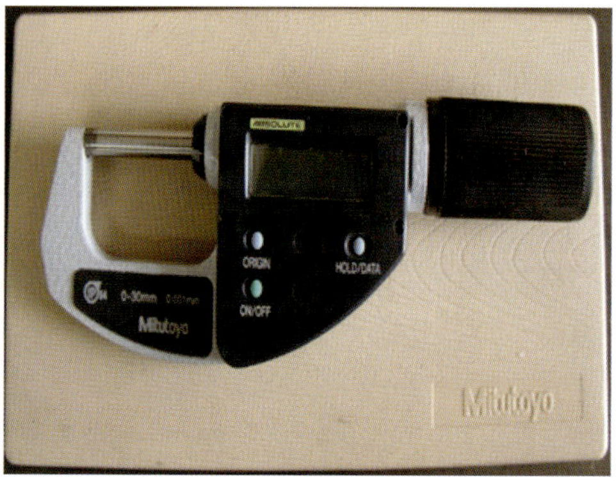

❹ 주의 사항

측정값의 오차 범위를 줄이기 위해서 3회 측정하여 평균값을 사용한다.

03 / 저출력 레이저 빗

검증된 탈모증 의료기기로 세포 활성화 및 혈류량 증가에 도움이 된다.

❶ 원리 및 측정

레이저 파장은 655~780nm, 레이저 최대출력으로 2.3~1.5mW이다. 모낭세포의 활성화로 조직에 열 손상을 주지 않으며, 생체조직과의 상호작용을 통해 심부층(deeper layers) 세포와 기능에 영향을 준다.

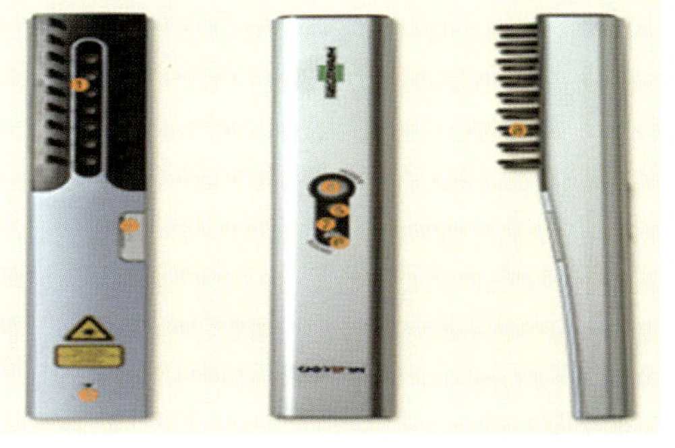

정면 후면 측면

❷ 기기

저출력 레이저(LLLT : Low Level Laser Therapy)

❸ 금기 사항

악성 종양자, 심장 질환자, 고열 환자, 임산부, 알레르기 체질, 안면마비, 혈우병 환자, 체내 장착형 전자기기, 사용자 눈동자 및 눈 주위는 관리를 피한다.

04 / 피부, 두피 전용 산소분사 시스템

피부, 두피 전용 산소분사 시스템으로 스케일링과 앰플 투입을 동시에 할 수 있다. 미세각질 스케일링 효과, 두피진정 효과, 혈액순환 개선 효과와 함께 제품의 침투력을 극대화할 수 있는 장점이 있다.

❶ 원리 및 측정

강력한 Compressor 사용으로 산소통 없이 강력한 산소압을 분사하는 원리이다. 두피와 피부에 모두 적용 가능하며 조직 손상 없이 탁월한 효과를 관리 후 바로 느낄 수 있다. 각종 프로그램과 병행 관리, 앰플 투여가 가능하며, 간단하고 쉬운 작동이 특징이다.

❷ 기기

Compressor Type Oxy Jet & Spray, O_2 jet clear

❸ 주의 사항

강한 압으로 적용되며 시작 버튼을 누른 후 분사되는 것을 육안으로 확인한 후에 관리를 시작해야 한다. 눈과 코에 분사 시 고객의 불편을 초래할 수 있으니 사용 시 주의한다. 심한 모세 혈관 확장증이나 민감한 피부는 한 곳에 오랫동안 시술하면 붉어질 수 있으니 유의한다. 사용을 마친 후에는 수액밸브를 반드시 꼭 조여 주어야 용액이 흐르는 것을 방지할 수 있다.

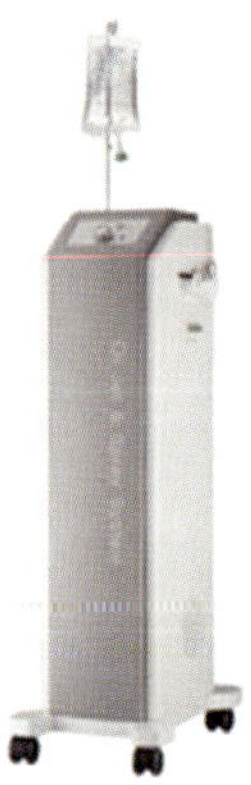

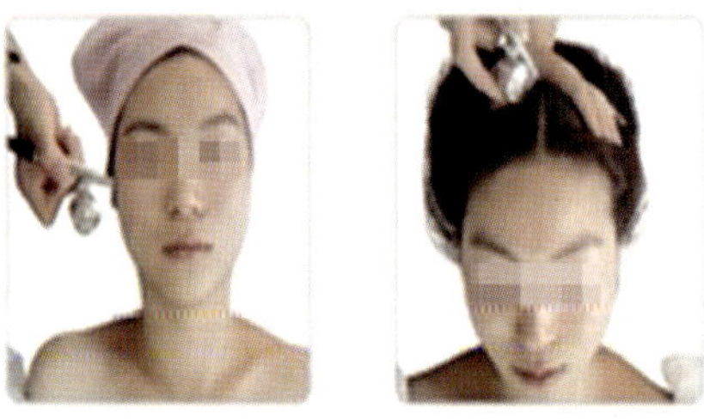

옥시 스프레이

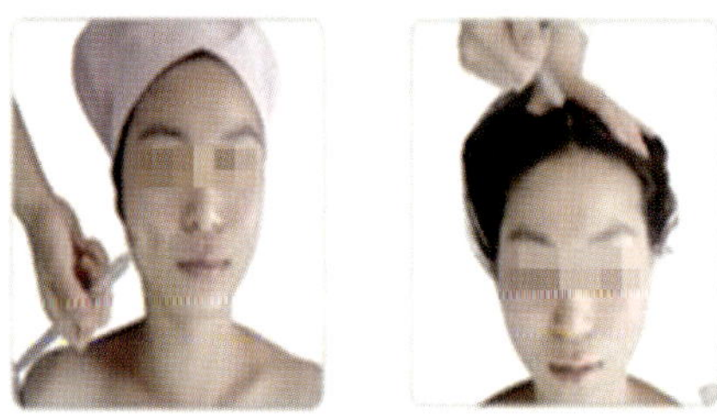

옥시 제트필

04 chapter 전신관리 기기

01 진공흡입기(suction machine, vacuum suction, vacuum patter)

1. 특징

❶ 원리

흡입기의 유리벤토즈를 피부에 밀착시켜 공기구멍을 막으면 흡입력에 의하여 피부가 끌어당겨지고, 구멍을 열면 다시 원상태로 돌아가는 원리이다. 이때 흡입하는 힘에 의한 피부 자극은 물리적 자극을 주게 되어 마사지 효과를 내게 된다.

❷ 사용 단계

마사지 단계에서 사용된다.

❸ 사용 부위 : 얼굴 및 전신

❹ 효과

㉠ 흡입기의 흡입력으로 근육에 자극을 주어 혈액순환과 신진대사를 활성화시킨다.

㉡ 물리적 자극으로 모세혈관의 투과성이 증가되어 마사지 효과와 혈액순환 효과를 낸다.

㉢ 순환 촉진 효과로 세포에 영양소와 산소를 공급한다.

㉣ 바디관리 시 하체부종이나 순환관리에 효과적이며, 긴장된 근육의 이완 효과가 있다.

㉤ 붉음증을 유발하여 순환을 증강시키고 신진대사를 촉진한다.

㉥ 경화된 셀룰라이트 부분을 연화시켜 분해하기 쉽도록 한다.

㉦ 림프액과 혈액순환을 촉진시킨다.

❺ 사용 방법

㉠ 벤토즈의 움직임을 원활하게 하기 위해 크림이나 오일을 얇게 펴 바른 후 사용한다.

㉡ 목적과 부위에 따라 벤토즈를 선택하여 흡입기의 연결부에 연결한다.

㉢ 흡입력의 강도를 확인하기 위하여 관리사의 손등이나 팔목 안쪽에 시험해본다.

㉣ 피부에 직각으로 대고 검지로 벤토즈의 측면 구멍을 막았다 떼었다 하면서 공기압을 조절하면서 시술한다.

㉤ 한 부위에 2~3회만 반복한다.

㉥ 15~20분 정도 시술한다.

㉦ 스티머와 함께 사용하면 더욱 효과적이다.

㉧ 사용 후 벤토즈는 비눗물이나 알코올로 소독한다.

❻ 주의 사항

㉠ 벤토즈가 깨지거나 금이 가지 않게 주의한다.

㉡ 피부에 크림이나 오일을 발라서 피부의 부담과 자극을 덜어준다.

㉢ 바디관리 시에는 30% 정도로 피부를 흡입해서 사용한다.

㉣ 한 부위에 너무 오래 사용하면 멍이 생길 수 있으므로 주의한다.

㉤ 림프액의 배수 방향으로 벤토즈(유리관)을 움직인다.

㉥ 소독은 중성세제로 세척 후 습기를 제거하고 자외선 소독기로 소독하여 보관한다.

㉦ 벤토즈는 사용하기 직전에 보관함에서 꺼내어 사용한다.

❼ 금기 피부

베인 상처, 정형된 부분에는 사용을 금한다.

2. 기기 사용법

❶ 기기 사용방법

㉠ 기기의 뒷면에 있는 메인스위치를 ON 위치에 놓는다.

㉡ PROGRAM 스위치를 이용하여 원하는 프로그램을 선택한다.

㉢ TIME 스위치를 이용하여 적당한 시간을 설정한다.

㉣ PRESSURE 스위치를 이용하여 부위별로 적당한 압력을 설정한다.

㉤ START 버튼으로 시작한다.

❷ 부위별 추천 압력 범위

관리 부위	압력 수치
가슴관리	100mmHg
복부관리	100~400mmHg
하체관리	100~400mmHg
힙관리	100~300mmHg
등관리	100~500mmHg

3. 진공 흡입기기의 적용

❶ 등관리(원형, 유리컵 액세서리 사용)

PROGRAM	BACK
LEVEL	100mmHg
TIME	15~20min

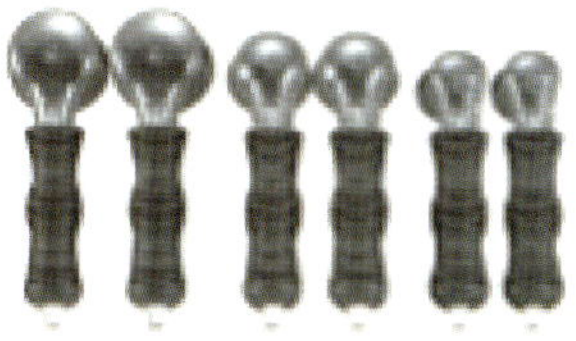

01

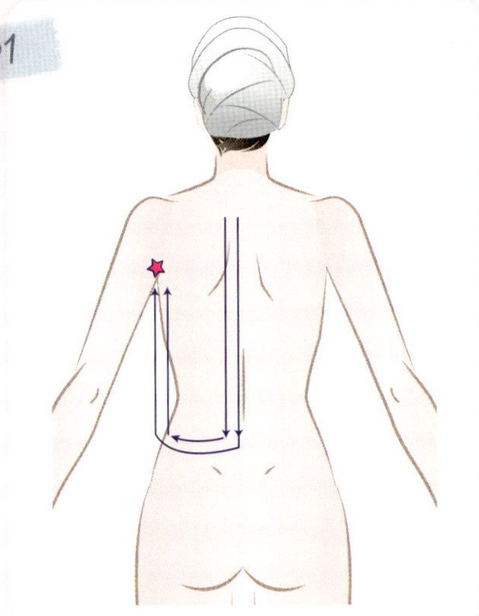

척추를 따라 측면 액와로 빼준다.

02

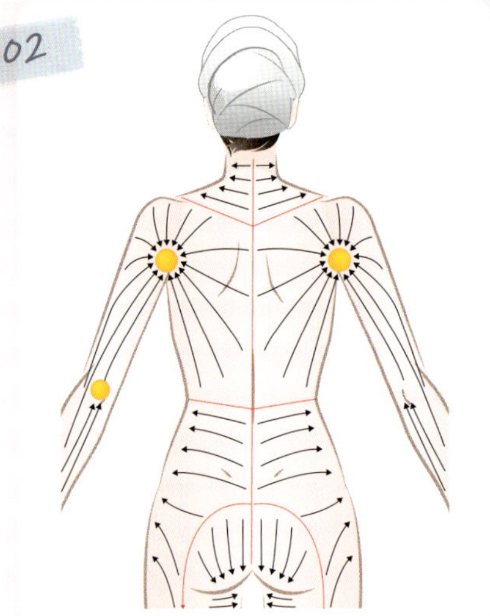

승모근, 견갑골, 윗팔 부위를 화살표 방향의 액와로 빼준다.
허리와 엉덩이 상부를 화살표를 따라 서혜부 방향으로 배농한다.
엉덩이 하부는 항문쪽으로 빼준다.

03

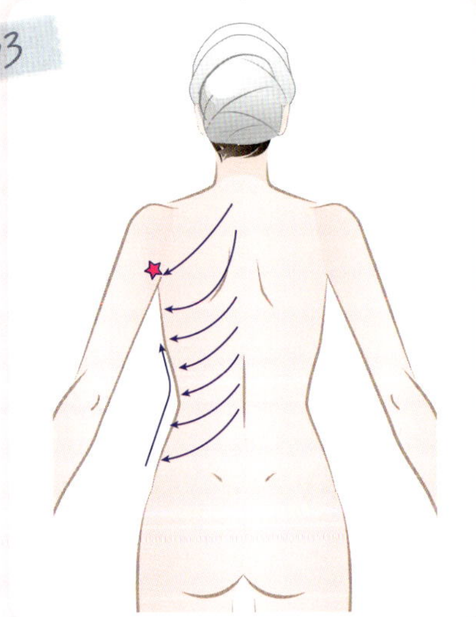

척추와 방광선까지 마사지해준다. 견갑골, 늑골 사이사이를 쓸어내려 액와로 빼준다.

04

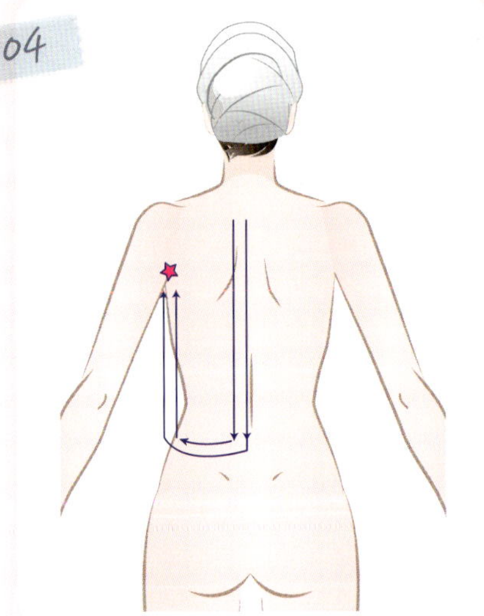

척추를 따라 측면 액와로 빼준다.

❷ 복부관리(원형, 유리컵 액세서리 사용)

PROGRAM	ABDOMINAl
LEVEL	100mmHg
TIME	15~20min

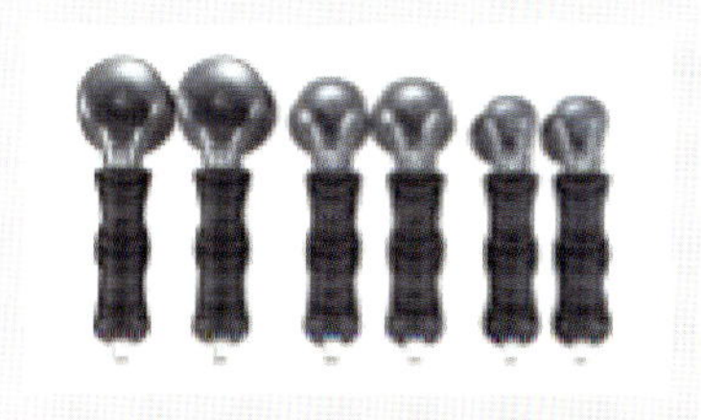

01

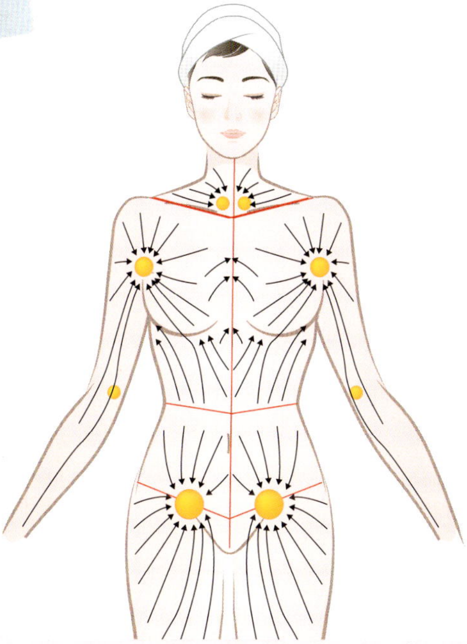

어깨는 쇄골의 터미누스로 빼준다.

팔은 액와로 빼준다.

배꼽 위는 상복부는 액와로 빼준다.

배꼽 아래는 서혜부로 빼준다.

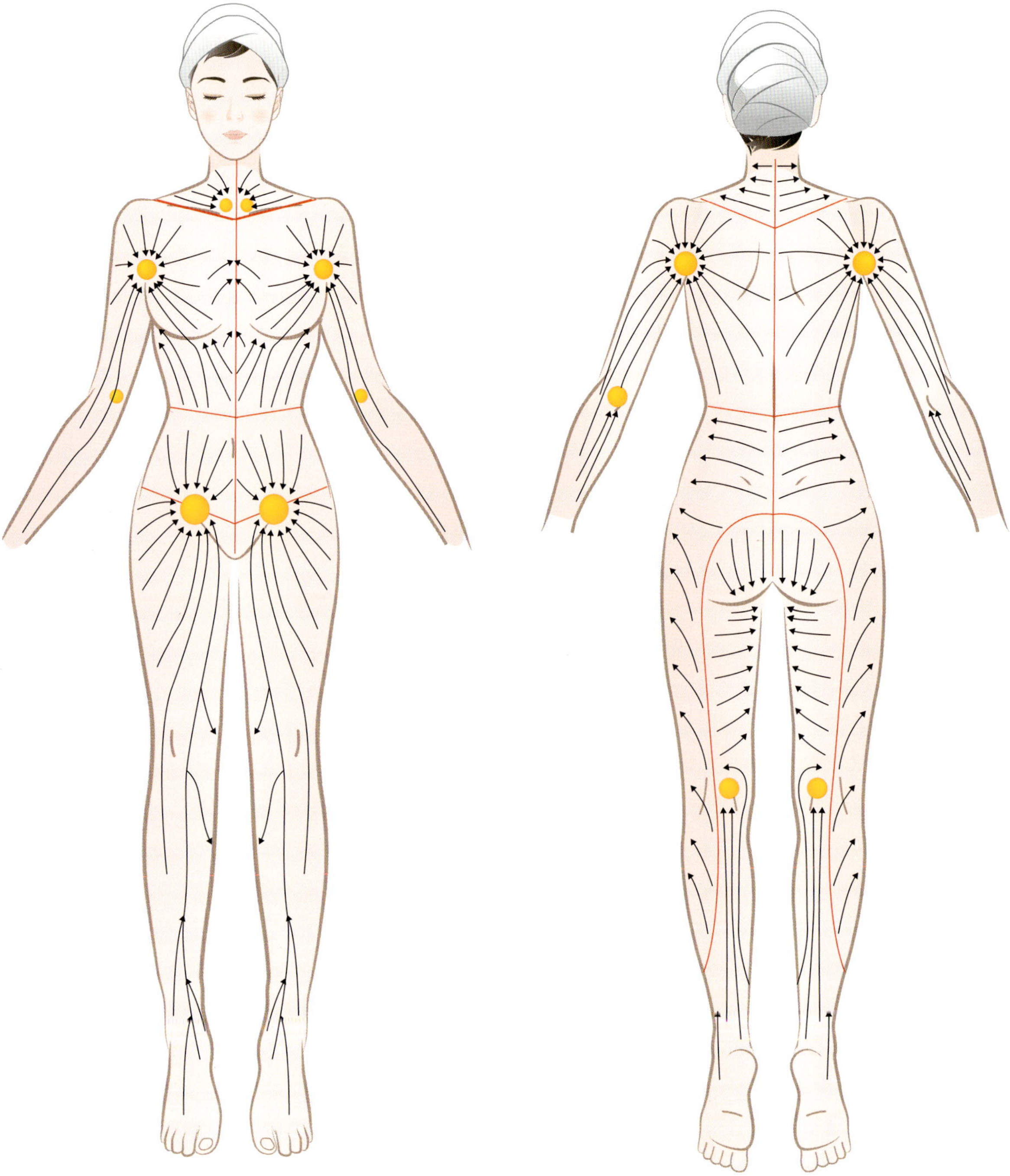

▲ 주변 림프절로 흡수되는 림프영역

❸ 하체 관리-1

PROGRAM	LEG-1
LEVEL	100mmHg
TIME	15~20min

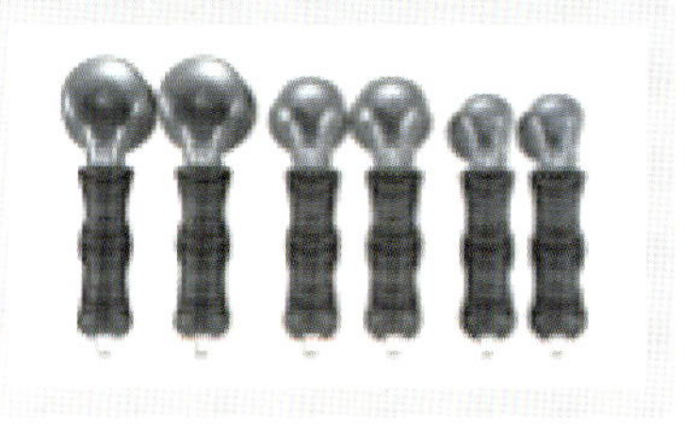

01

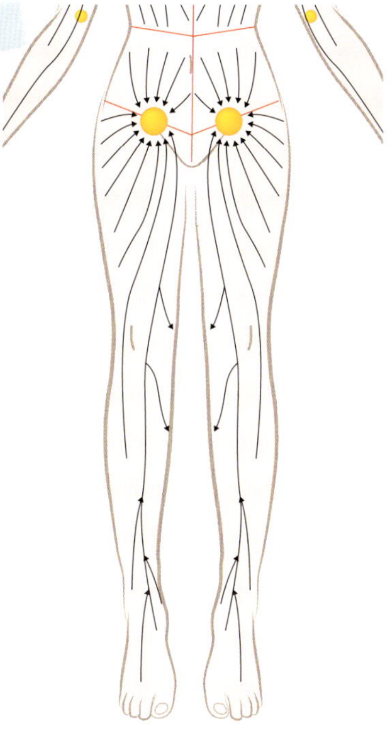

앞면은 발등과 종아리 대외를 거쳐 화살표 방향으로 서혜부로 빼준다.

02

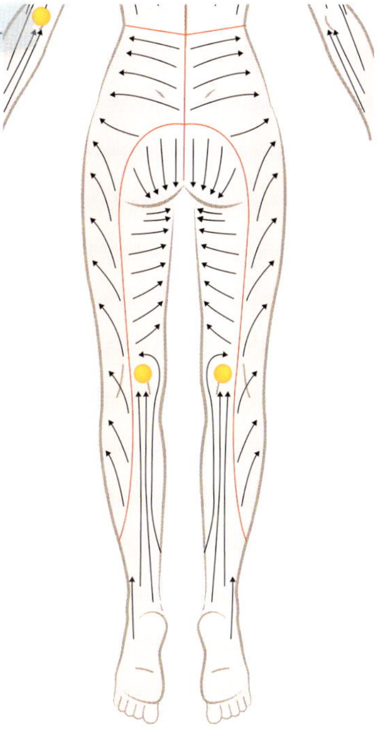

뒷면은 종아리의 비복근을 무릎 뒤로 전체적으로 쓸어 올려준다.
내측광근은 엉덩이 방향쪽 림프 방향으로 빼준다.
외측광근은 앞쪽의 서혜부쪽 림프 방향으로 빼준다.

02 / 갈바닉 기기

1. 특징

❶ 원리

직류를 이용하여 뭉쳐있는 셀룰라이트를 부드럽게 분산시켜 안티셀룰라이트 관리를 해준다. 소금물을 이용하거나 안티셀룰라이트 이온 앰플을 침투시키는 방법이 있다.

❷ 사용 단계

셀룰라이트 분해 단계에서 사용한다.

❸ 사용 부위 : 바디관리에 사용된다.

❹ 효과

㉠ 음극(-)에서 알칼리 반응으로 셀룰라이트를 부드럽게 연화시켜 준다.

㉡ 혈액과 림프순환을 촉진시킨다.

㉢ 울혈이나 정체를 완화시킨다.

㉣ 소금물 사용 시 오래된 상처나 딱딱한 부위를 부드럽게 할 수 있다.

㉤ 양극(+)에서 피부산성막의 회복을 돕는다.

❺ 사용 방법

㉠ 고객의 피부를 깨끗이 닦은 후 부위에 알맞는 밴드를 준비한다.

㉡ 제품(젤)을 담을 유리볼을 소독한다.

㉢ 젤(앰플)을 바디 팩붓이나 스파츌라로 바른다.

㉣ 패치에 통전젤을 바른 후 젖은 비스코스커버 안에 넣는다.

㉤ 패치에 통전젤을 하나씩 바르며 붙여 선의 꼬임을 예방한다.

㉥ 셀룰라이트가 많은 부위에는 (-)극을, 적은 부위에는 (+)극을 대고 밴드 처리한다.

㉦ 먼저 (-)극을 관리한다.

㉧ 고객에게 느낌을 물어보고 설명하면서 천천히 다이얼을 올린다.

ⓩ (−)극 관리 후 다이얼을 끄고 다시 (+)극 관리를 해 준다.

ⓒ 관리 후 고객의 피부를 바로 닦아 준다.

ⓚ 진정 로션을 발라준다.

ⓣ 관리 시간은 10분을 초과하지 않는다.

ⓟ 물로 깨끗이 씻어서 살균소독기에 넣어 보관한다.

〈참고〉 패딩법

- 위에서부터 패딩한다.
- 뼈 부분에 닿으면 시리므로 가로 방향으로 붙인다.
- 패드가 뜨면 밸트를 하나 더 해주어 뜨지 않게 해 준다.

❻ 주의 사항

㉠ 고객의 갈바닉 부적응증이나 민감도를 체크한다.

㉡ 보통 2~4mA에 관리하며 관리 횟수가 늘어남에 따라 관리 시간을 늘린다.

㉢ 양극(+)에서는 음극(−)에서의 1/4, 1/2 강도로 관리한다.

㉣ 고객의 액세서리 제거를 확인한다.

㉤ 기계의 다이얼이 0인 것을 확인한다.

㉥ 열의 양은 전기의 강도, 시간, 저항 등에 의하여 직접적으로 영향을 받으므로, 열에 의한 화상에 주의한다.

㉦ 전류의 세기가 너무 세거나 관리 시간이 길거나 한 부분에만 집중해서 생길 수 있는 화학화상에 주의한다.

㉧ 전류 세기를 너무 빨리 올리거나 갑자기 줄일 때 발생할 수 있는 전기 쇼크에 주의한다.

❼ 금기 사항

신경계 질환, 상처 부위, 당뇨 등 피부 감각이 떨어지는 질병의 고객, 습진이나 건선이 있는 고객, 트리트먼트 할 부위에 금속핀 등을 박은 고객, 저혈압 고객, 임산부 등은 관리를 피한다.

03 / 저 · 중주파기

1. 특징

❶ 사용법

㉠ 고객의 몸에 유분기가 없도록 온습포로 잘 닦아준다.

㉡ 고객의 몸에 알맞는 길이의 벨트를 묶어준다.

㉢ 패치에 통전젤을 바른 후 근육의 기점(시작점)에는 (+) 패드를, 종점에는 (−) 패드를 붙여준다.

㉣ 파워, 헤르츠, 시간, 스타트, 다이얼 볼륨을 근육의 수축이 보일 때까지 조금씩 올린다. 다이얼을 움직일때는 불이 들어올 때 올린다.

㉤ 관리자의 한 손을 패드 위에 올려놓고 다이얼을 올리면 고객의 어느 부위가 수축이 되는지 알 수 있다.

㉥ 타이머가 끝나면 전원을 끄고 패치를 제거, 고객의 몸을 잘 닦아준다.

㉦ 따뜻한 물에 중성세제로 잘 씻어준 후 소독기에 보관한다.

㉧ 20~40분씩, 주 2~3회, 6~8주 관리를 권장하며 처음에는 부드럽게, 관리 횟수가 늘수록 강도를 높여준다.

❷ 패딩법

㉠ 길이법(세로부착법, Longitudinal pading) : 근섬유와 나란하게 부착한다.

㉡ 쪼개기법(분리부착법, Split Padding) : 한 근육을 둘로 나누어 붙이는 방식이다.

㉢ 두 근육법(Duplicate Padding) : 최대의 효과를 원한다면 모노 방식을 사용한다. 인접한 두 근육의 운동점에 붙이는 방식이다. (−)극이 더 강하므로 상대적으로 약한 근육에 (−)를 붙인다.(예 내흉근과 상완이두근일 경우 보통 이두근이 더 강하므로 흉근에 (−)를 붙임)

❸ 효과

㉠ 얼굴 및 바디 라인 향상

㉡ 자세 교정

㉢ 체중 감소 후의 윤곽선 및 탄력 증가

㉣ 혈액순환 증진(근육에 더 많은 혈액이 공급된다)

㉤ 셀룰라이트 젤과 같이 사용하면 두 가지 효과를 얻을 수 있다.

㉥ 체중이나 칼로리의 변화가 없기 때문에 다른 요법과 같이 병행하면 좋다. (식이요법, 운동, G5기기, 석션, 사우나, 증기 목욕, 거품 목욕 등)

❹ 주의 사항

㉠ 유도체(소금물, 따듯한 물, 젤)가 필요하다.

㉡ 관리사가 먼저 고객 앞에서 테스트 기계를 테스트하는 것이 좋다.

㉢ 몸에 지니고 있는 모든 금속을 제거한다.

㉣ 패드와 패드가 서로 겹치지 않도록 준비한다.

㉤ 뼈에 닿지 않게 하고, 방광 쪽은 피한다.

㉥ 지방이 많으면 전류가 잘 안 통하기 때문에 과체중인 사람은 처음에는 12Hz가 적당(워밍업)하다.

㉦ 관리 전 고객의 치수를 확인하는 것이 좋다.

㉧ 다이얼, 스위치가 0인지 확인한 후 시작하고, 보관할 때도 0으로 맞추어 놓는다.

㉨ 고객을 혼자 두지 않으며, 따뜻하게 해 준다.

㉩ 패드 이동 시 다이얼을 0으로 맞추고 이동시킨다.

㉪ 기계는 6개월~1년마다 주기적으로 점검 받는다.

❺ 금기 사항

최근 조직에 난 상처 부위, 임산부 및 출산 후 3개월 미만, 금속판 브리지나 핀을 착용한 사람, 전기에 과민한 사람, 간질 환자, 인공심장박동기를 착용한 사람, 모세혈관확장피부, 정맥류, 근육장애 및 근육계의 손상 혹은 지나치게 긴장되어 있거나 당기는 근육, 피부병 및 전염병(쏘이고 물린 경우도 포함), 뼈의 골절, 뼈 부분, 당뇨, 심장질환, 고혈압, 저혈압, 암, 기타 의심스러운 상황에서 의사와 상담 중인 사람, 신경계 장애(파킨슨씨), 편두통, 몸이 약하고 고령인 고객은 관리를 금한다. 생리 중일 경우 복부는 하지 않는다.

2. 수축이 안 되는 경우

❶ 패드에 기름기가 남아있거나 깨끗하지 않을 때

❷ 패드가 너무 드라이할 때

❸ 강도가 너무 약하다.

❹ 패드가 제대로 밀착되지 않았을 때

❺ 위치가 잘못되었다.

❻ 접속이 불완전하다.

❼ 근육의 피로도가 높다.

❽ 패드가 겹쳐졌거나 접착력이 떨어졌다.

❾ 연결잭의 이상 여부를 확인한다.

❿ 기계 설정이 잘못되었는지 확인한다.

⓫ 패드 전체에 통전젤을 잘 바른다.

3. 패드의 성분

동일하게 전류를 분배하는 유도체로 흑연 성분을 넣었다. 이 성분에 알레르기가 있는 고객은 거즈나 스펀지를 동그랗게 잘라서 패드와 함께 사용한다.

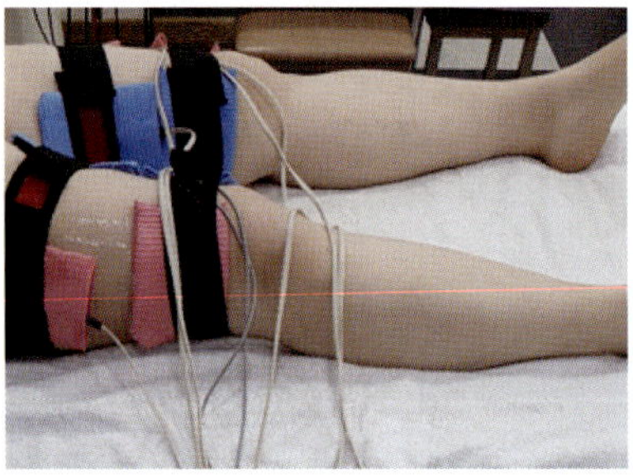

◦ 바디근육과 바디패치 부착점

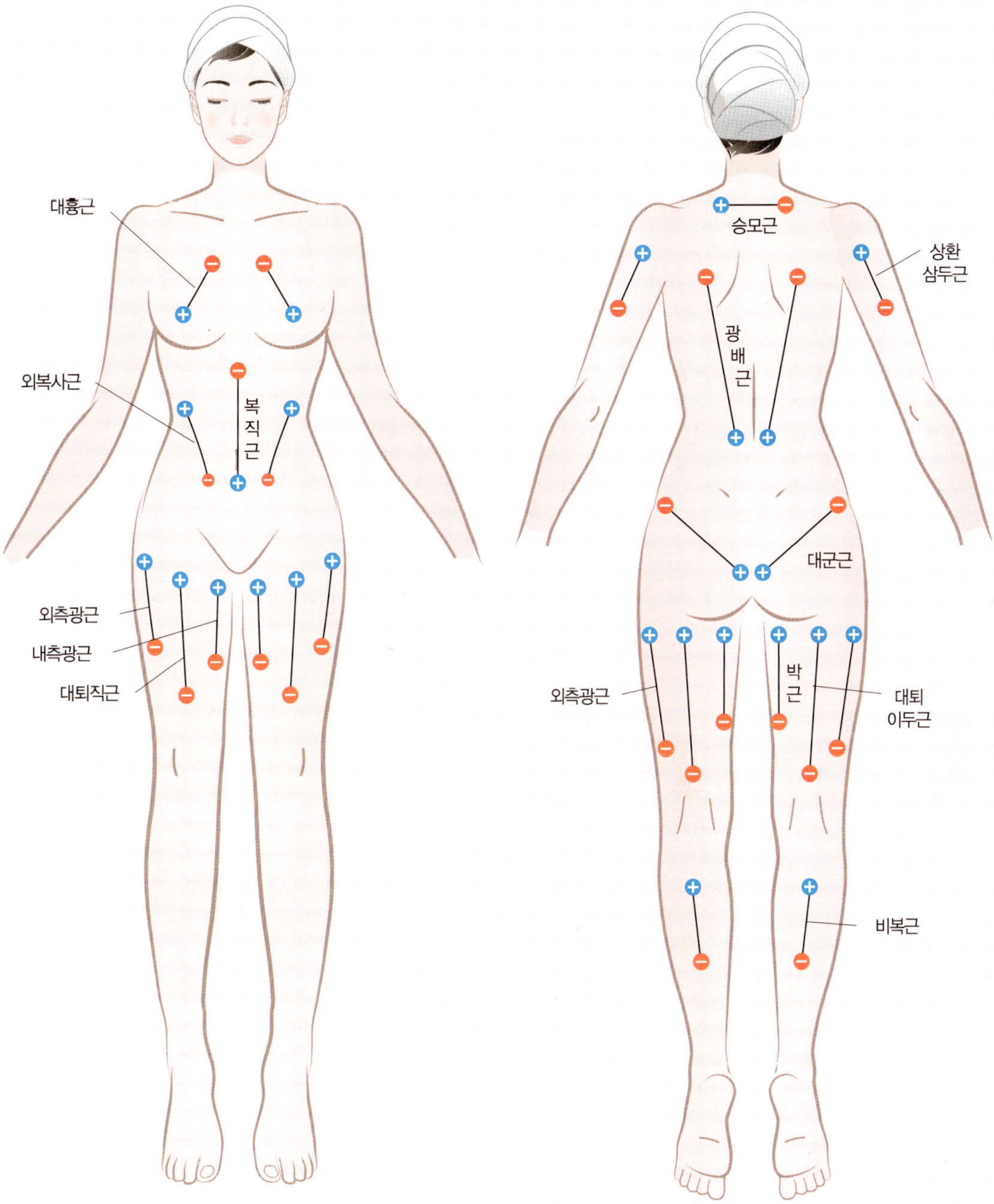

◦ 인체의 근육

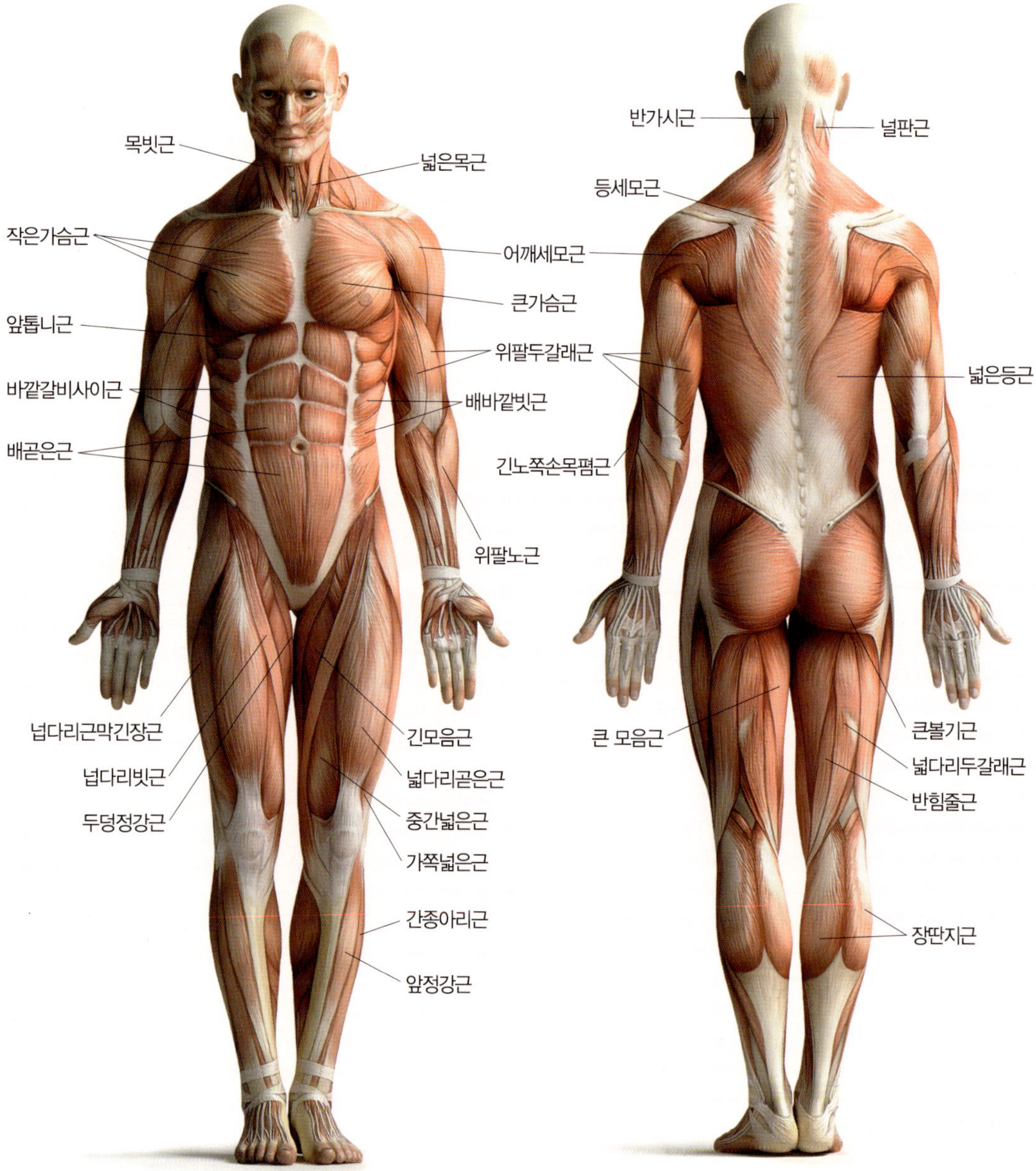

목빗근
넓은목근
작은가슴근
어깨세모근
큰가슴근
앞톱니근
위팔두갈래근
바깥갈비사이근
배바깥빗근
배곧은근
위팔노근
넙다리근막긴장근
넙다리빗근
두덩정강근
긴모음근
넓다리곧은근
중간넓은근
가쪽넓은근
간종아리근
앞정강근
반가시근
널판근
등세모근
넓은등근
긴노쪽손목폄근
큰 모음근
큰볼기근
넓다리두갈래근
반힘줄근
장딴지근

04 / 고주파

1. 관리 방법

❶ 전원 스위치를 켠다.

❷ 벨트나 브래지어 후크 등의 금속성의 액세서리를 제거한다.

❸ 기기를 작동하기 전, 접지판을 넓고 편평하여 밀착이 잘되는 피시술자의 복부에 부착한다.

❹ 고주파 관리 전용 크림을 골고루 도포한다.

❺ 일렉트로드를 고객의 몸에 댄 상태에서 시작 버튼을 누르고 관리를 시작한다.

❻ 세팅된 시간 동안 관리 후 전원이 꺼지면 동작을 멈춘다.

❼ 해면이나 온타올로 닦아준다.

❽ 팩을 도포한다.

❾ 팩을 제거한다.

❿ 관리 목적에 적합한 크림을 바르고 마무리한다.

2. 부위별 관리

❶ 등 관리(관리시간 : 20분)

㉠ 스트레스 등으로 긴장된 등 부위의 근육을 심부 발열로 풀어주어 인체의 긴장을 완화시킨다.

㉡ 갈색 지방조직에서 발열 반응을 증가시켜 지방을 산화시킨다.

◦ 등 관리 – 1

MODE	0.3MHz body
LEVEL	80%
TIME	15~20min

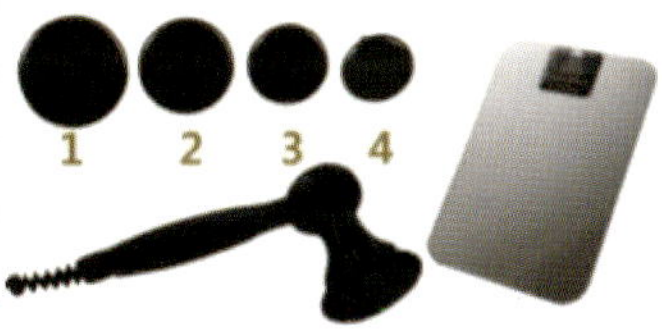

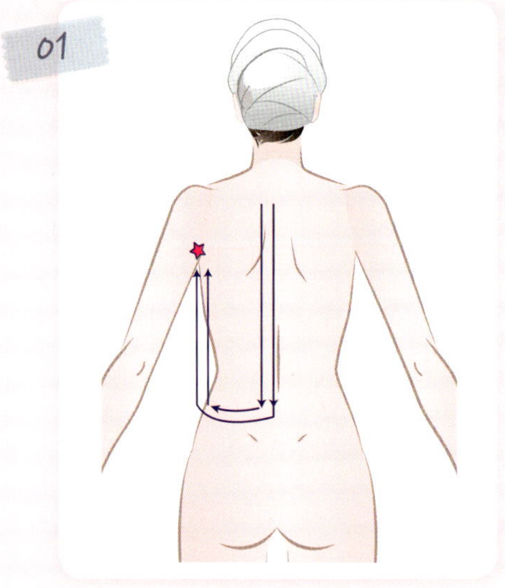

척추를 따라 내려갔다 측면으로 올라와 액와로 빼준다.

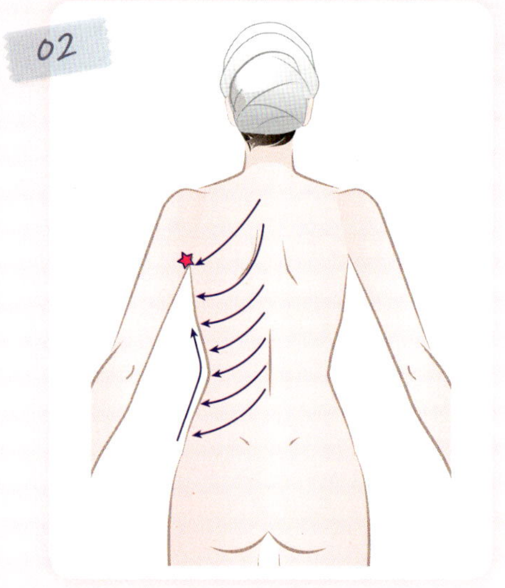

견갑골과 늑골 사이사이를 쓸어내린 후 액와로 빼준다.

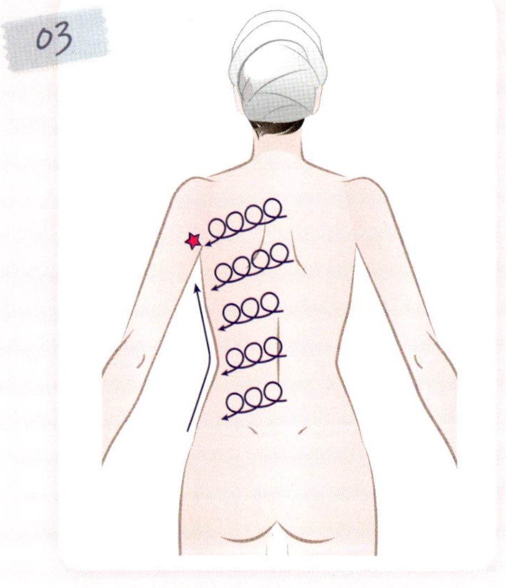

척추를 중심으로 사선으로 둥글린 후 액와로 빼준다.

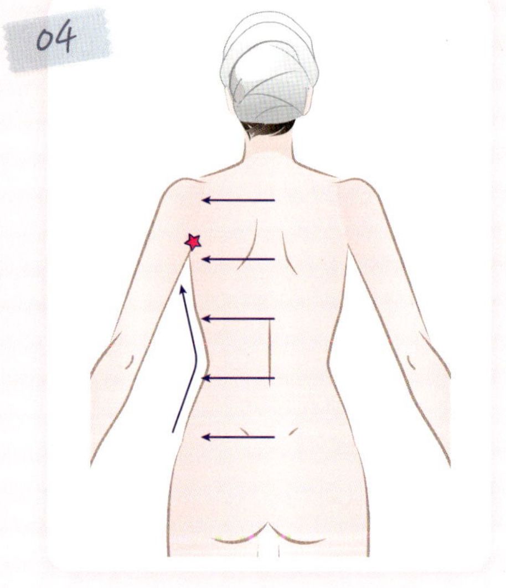

바깥 방향으로 쓸어내려 액와로 빼준다.

◦ 등 관리 - 2

MODE	0.3MHz body
LEVEL	80%
TIME	15~20min

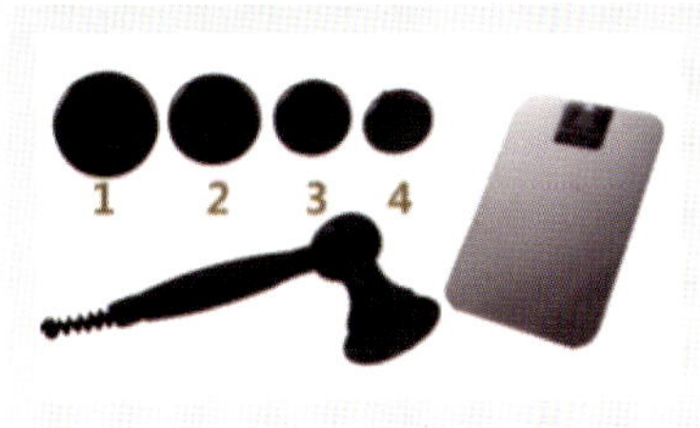

05

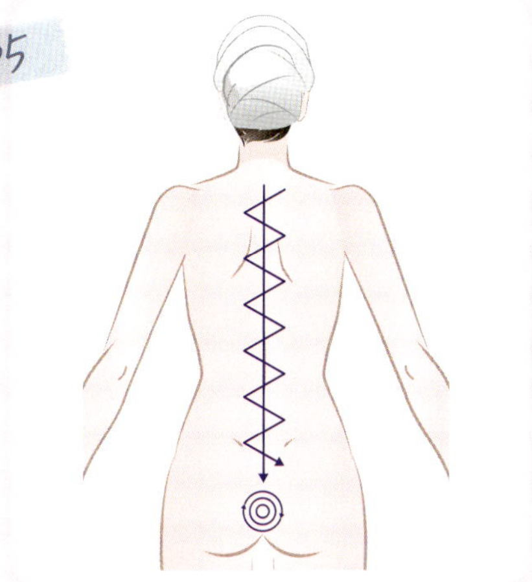

척추 마사지를 한 뒤 천골을 풀어준다.

06

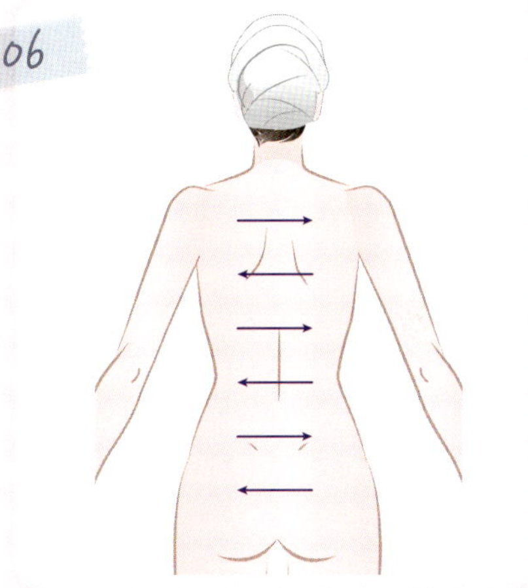

척추와 척추기립근을 마사지해 준다.

07

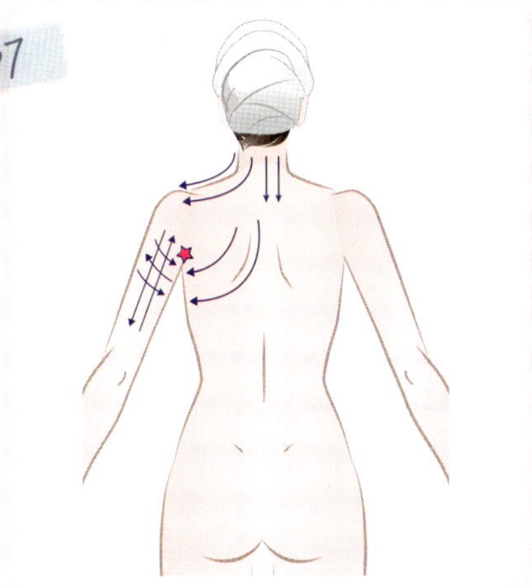

승모근, 견갑골, 상완 부위를 마사지한다.

08

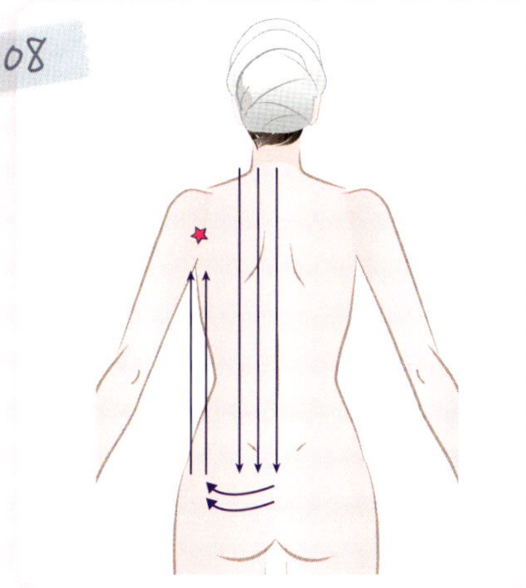

척추를 따라 내려가 측면 액와로 빼준다.

❸ 복부 관리(관리 시간 : 20분)

혈액순환과 림프순환의 촉진으로 독소를 배출시키며, 관리 테크닉에 의한 자극으로 숙변 제거와 내장지방을 감소시키는 효과가 있다.

㉠ 전원 스위치를 켠다.

㉡ 벨트나 브래지어 후크 등의 금속성의 액세서리를 제거한다.

㉢ 기기를 작동하기 전, 접지판을 넓고 편평하여 밀착이 잘되는 피시술자의 등쪽 어깨 부위에 부착한다.

㉣ 고주파 관리 전용 크림을 골고루 도포한다.

㉤ 일렉트로드를 고객의 몸에 댄 상태에서 시작 버튼을 누르고 관리를 시작한다.

㉥ 세팅된 시간 동안 관리 후 전원이 꺼지면 동작을 멈춘다.

㉦ 해면이나 온타올로 닦아준다.

㉧ 팩을 도포한다.

㉨ 팩을 제거한다.

㉩ 관리 목적에 적합한 크림을 바르고 마무리한다.

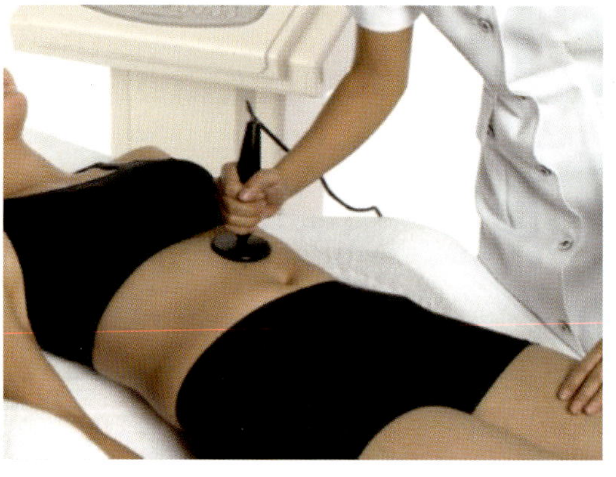

◦ 복부 관리 – 1

MODE	0.3MHz body
LEVEL	80%
TIME	15~20min

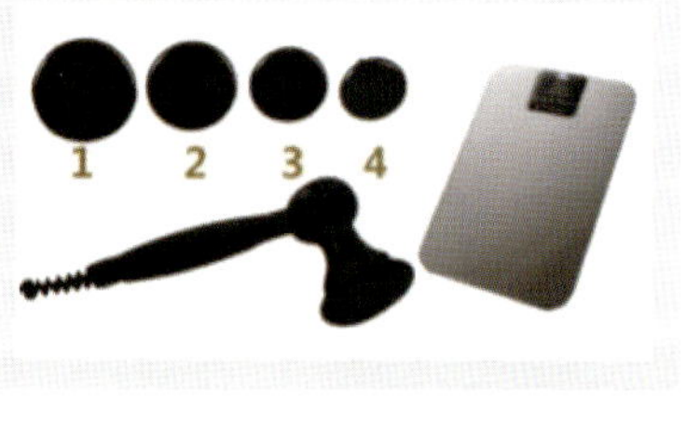

01

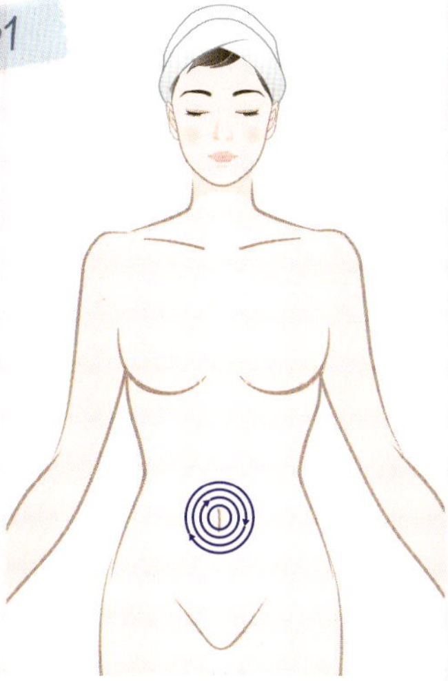

배꼽을 중심으로 시계 방향으로 둥글린다.

02

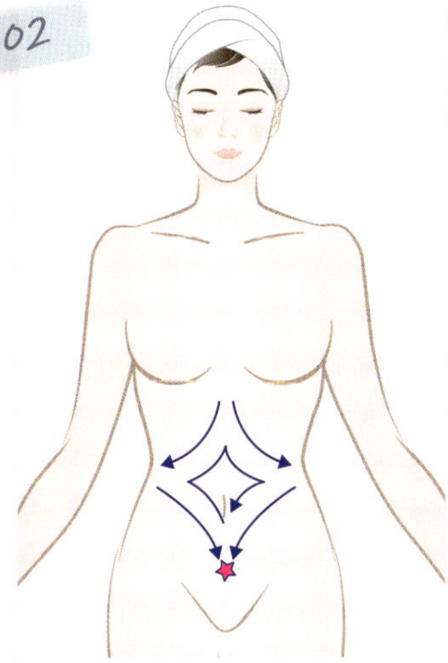

다이아몬드 꼴로 마사지하여 서혜부로 빼준다.

03

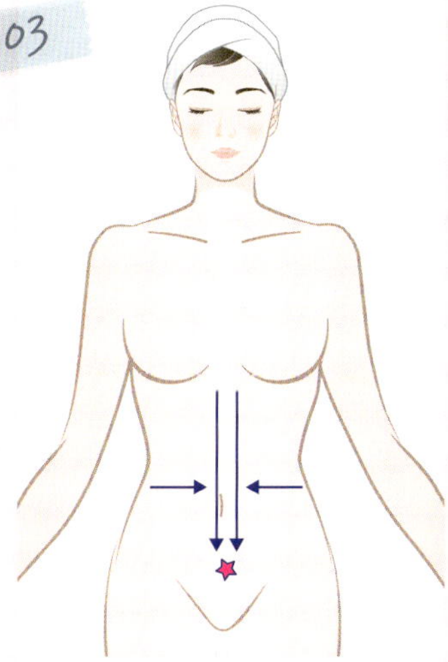

양옆을 쓸어 치골 부위로 빼준다.

04

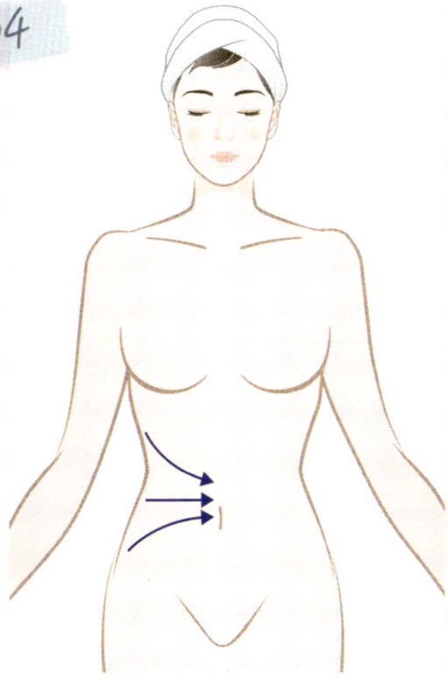

복부 양옆 라인을 중앙으로 쓸어준다.

05

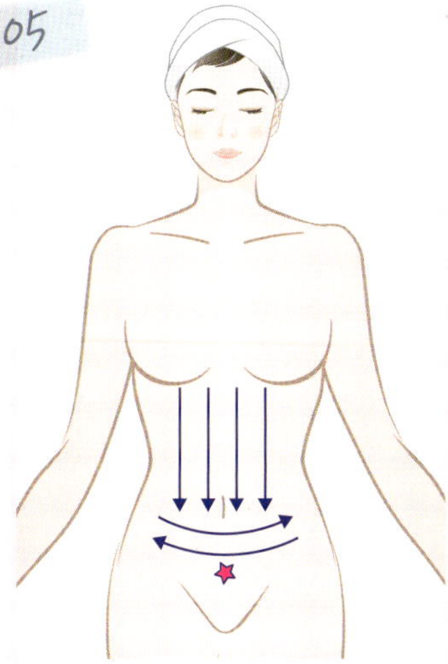

전체적으로 하복부와 서혜부로 빼준다.

06

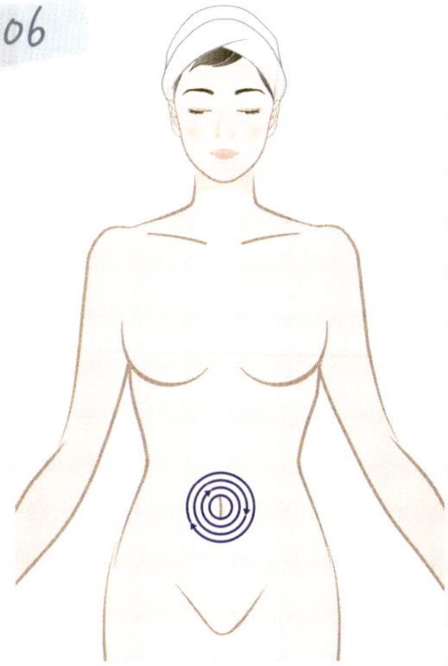

배꼽을 중심으로 시계 방향으로 둥글린다.

④ 하체 관리(관리 시간 : 20분)

MODE	0.3MHz body
LEVEL	80%
TIME	15~20min

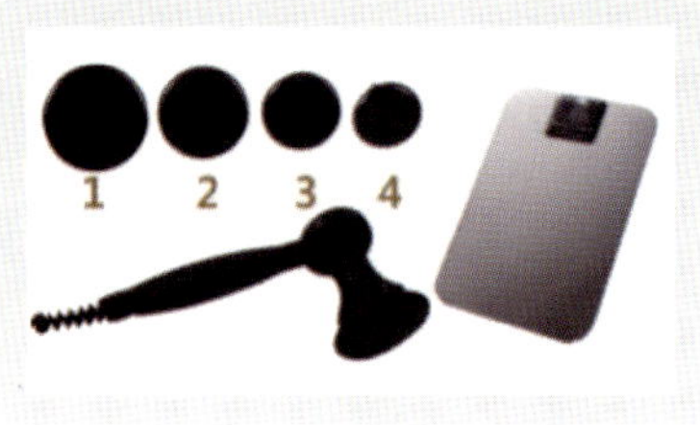

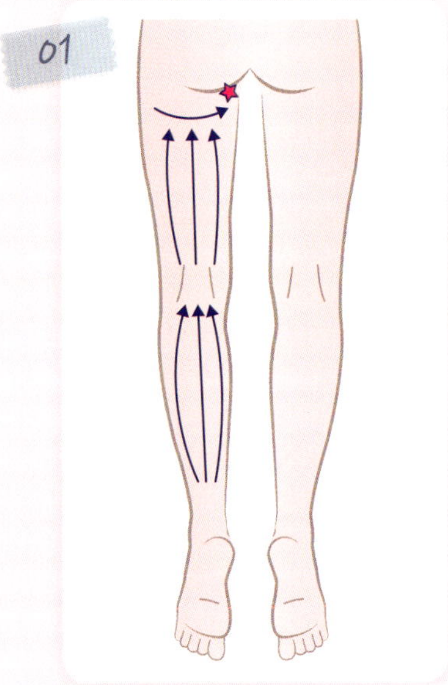

종아리의 비복근, 대퇴부를 전체적으로 쓸어올려 준다.

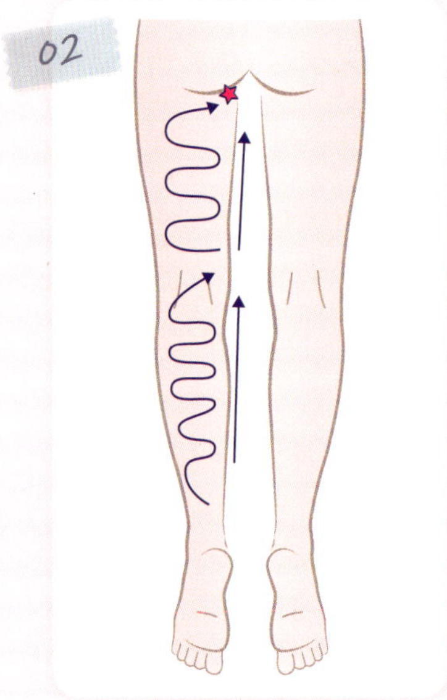

지그재그로 마사지해서 서혜부 방향으로 쓸어올려 준다.

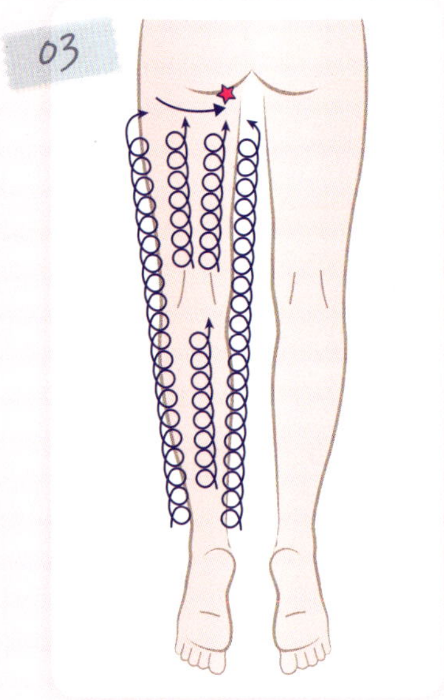

다리 안쪽, 바깥쪽, 중심부를 부드럽게 둥글리며 관리한다.

05 / 초음파

❶ 복부 관리

MODE	BODY
LEVEL	HIGH LOW
TIME	15min

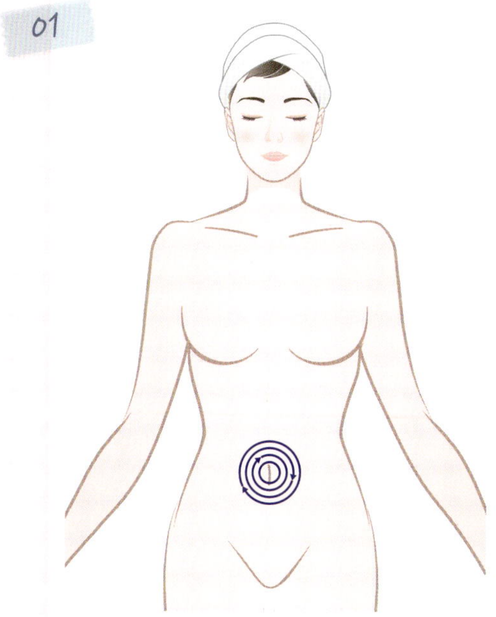

배꼽을 중심으로 시계 방향으로 둥글린다.

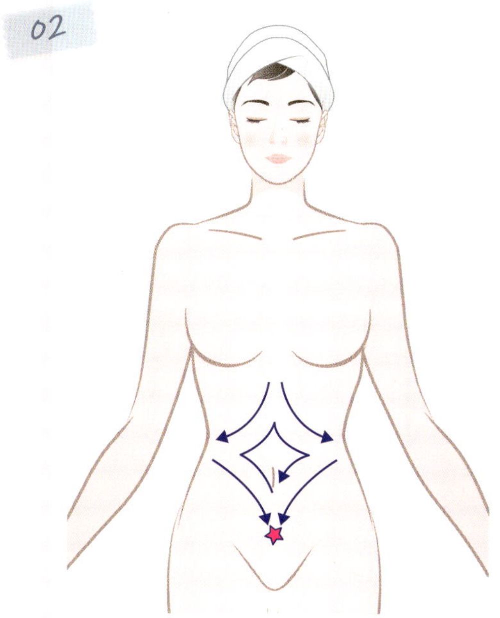

다이아몬드 꼴로 마사지하여 서혜부로 빼준다.

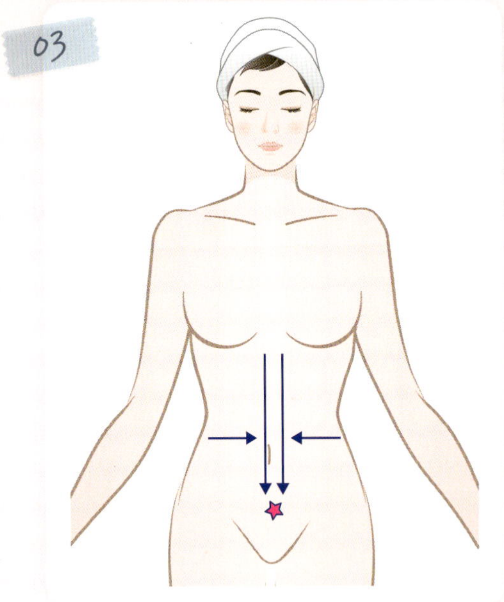

양옆을 쓸어올려 서혜부로 빼준다.

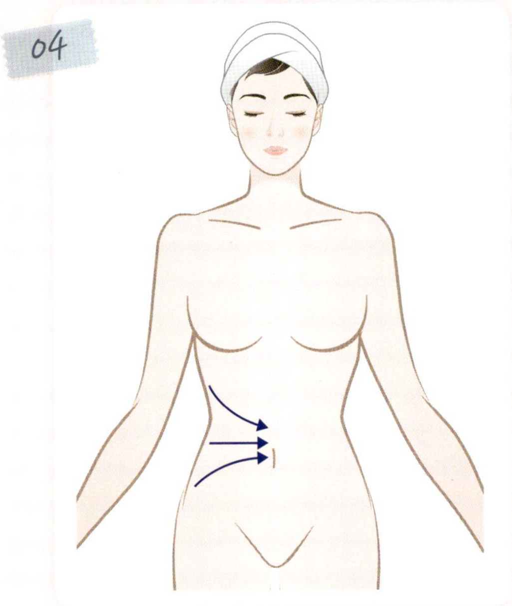

복부 양옆 라인을 중앙으로 쓸어올린다.

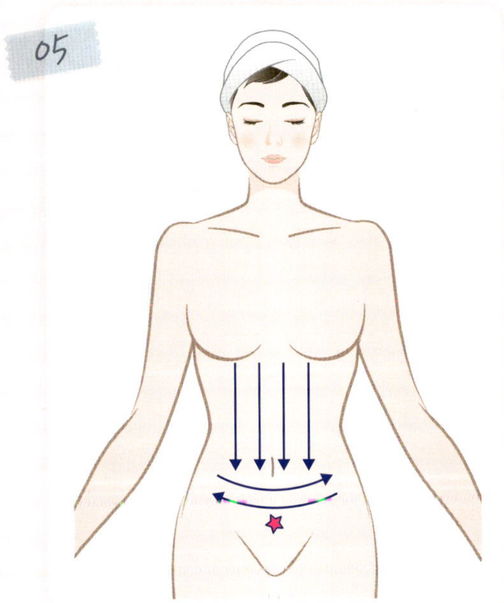

전체적으로 서혜부로 빼준다.

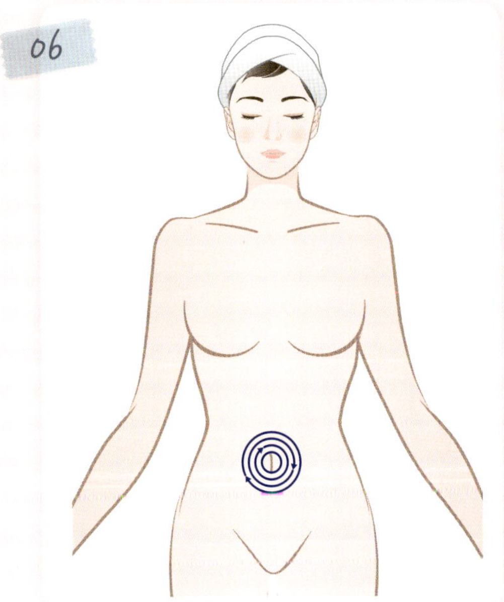

배꼽을 중심으로 시계 방향으로 둥글린다.

❷ 하체 관리

MODE	0.3MHz body
LEVEL	HIGH LOW
TIME	15min

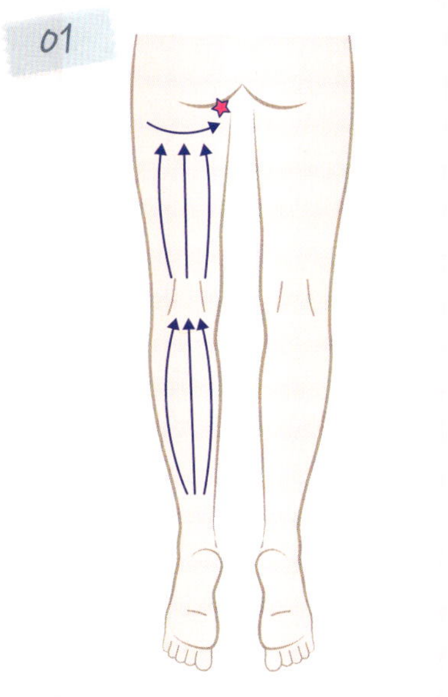

종아리의 비복근, 대퇴부를 전체적으로 쓸어올려 준다.

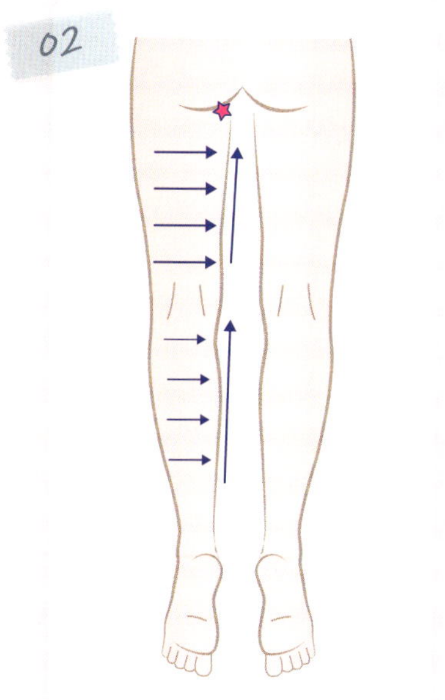

지그재그로 마사지해서 림프 방향으로 빼준다.

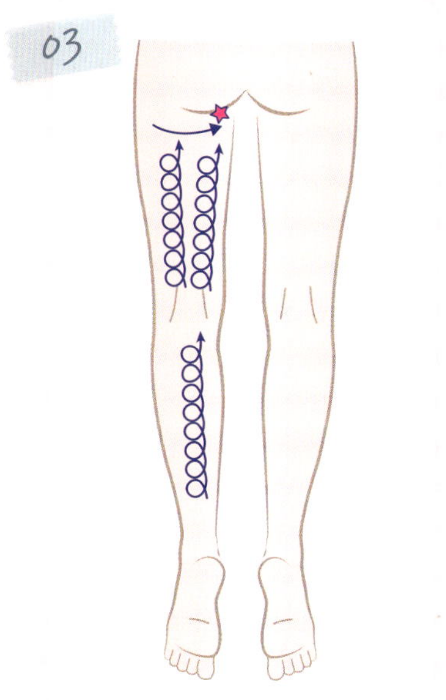

부드럽게 둥글리며 림프 방향으로 관리한다.

PART 04

메디컬 피부미용기기

01 chapter 레이저

01 / 레이저의 정의와 역사

레이저란 light amplification by stimulated emission of radiation 약어로(laser : light(빛) amplification(증폭) by stimulated(자극, 유도) emission(발산, 방출) of radiation(복사, 방사선)) 원자나 분자에 의한 광의 유도 방출을 이용하여 광을 증폭한다는 의미로 동일한 파장, 편광, 위상, 방향을 갖는 물리적 특징이 있다.

1917년 아인슈타인은 물질의 내부 에너지와 빛의 상호작용에 따라 코히런트(coherent, 깨끗하게 파장이 정렬된, 일치한)한 빛을 발생하는 유도방출이 일어난다는 것을 예견한다. 이후 1950년 메이저(MASER) 시대 암모니아를 사용, 파장이 길고 발진 조건이 쉬운 마이크로파 영역에서 먼저 실현하여 유도방출이 일어나게 한다.

최초의 레이저는 1960년대 Hughes(휴스) 연구실험실의 시어도어 메이먼(T.H. Maiman)에 의해 루비 레이저가 개발되어 알려지기 시작하여, 환자의 치료에 최초로 사용된다. 1970년대 중반부터 헬륨네온(HeNe), 아르곤(Ar), 엔디 야그(Nd:YAG) 레이저의 개발로 선천성, 후천성 혈관성 피부질환의 치료에 효과적으로 사용되며, 의료용 레이저로 피부질환의 치료뿐만 아니라 미용적인 목적으로도 많이 사용되고 있다. 1990년대에 국내 미용치료 시장이 급속도로 팽창하기 시작하면서 국내 레이저 제조업체도 의료용 레이저를 개발하기 시작하면서 과거에는 외국에서 제조된 레이저를 주로 사용했지만 현재는 국산 레이저를 사용하며 레이저 제조기술의 발전으로 세계에서도 인정받고 있다.

02 / 레이저의 특징

레이저광은 유도방출에 의해서 발생되므로 동일한 파장, 위상, 편광, 방향을 갖는 물리적 특성을 가진다.

❶ **단색성** : 레이저광은 동일한 파장을 갖고, 레이저 매질의 종류에 따라 특정 주파수를 얻는다.

❷ **간섭성** : 시간적, 공간적으로 동일한 위상과 관계 있다.

❸ **고휘도** : 레이저광을 접속시키면 높은 광출력을 집중시킬 수 있다.

❹ **직진성** : 빛의 발산이 적어서 먼 거리까지 갈 수 있다.

레이저 구성 요소로 레이저 매질은 기체, 액체, 고체, 반도체로 구성되며 레이저 매질을 싸고 증폭 프로세서를 포함한 광공진기와 원자를 흥분시키고 반전분포를 일으키는 전원공급장치(powersupply) 또는 펌프 그리고 빛을 타깃으로 전달하는 전달시스템(광섬유)이 있다.

기체 레이저는 아르곤 헬륨네온, 구리 증기(Copper vapor), 크립톤과 이산화탄소 레이저가 있고, 액체 레이저는 펄스, day 레이저, 고체 레이저는 루비, 엔디 야그, 알렉산드라이트, 어븀, 반도체레이저는 다이오드 레이저가 있다. 이러한 레이저는 파동, 파장 그리고 에너지를 기반으로 다양한 질환을 치료하는데 사용된다.

구분은 파장에 따라 적외선 레이저(Infrared, 700nm~1mm), 가시광 레이저(Visible, 400~700nm), 자외선 레이저(Ultraviolet, 100~400nm), 엑스선 레이저 영역으로 나뉜다. 적외선 레이저는 적외선 광섬유 레이저, 이산화탄소 레이저, 앤디야그 레이저, 타이타늄-사파이어 레이저, 적외선을 내는 반도체 레이저가 있으며, 가시광 레이저는 헬륨-네온 레이저, 빨강 · 초록 · 파랑 · 보라색의 반도체 레이저가 있고, 자외선 레이저는 엑싸이머 레이저 등이 있다. 빛이 펄스로 나오면 펄스 레이저라고 하며, 끊이지 않고 계속 나오면 연속(continuous wave : CW) 레이저라고 한다.

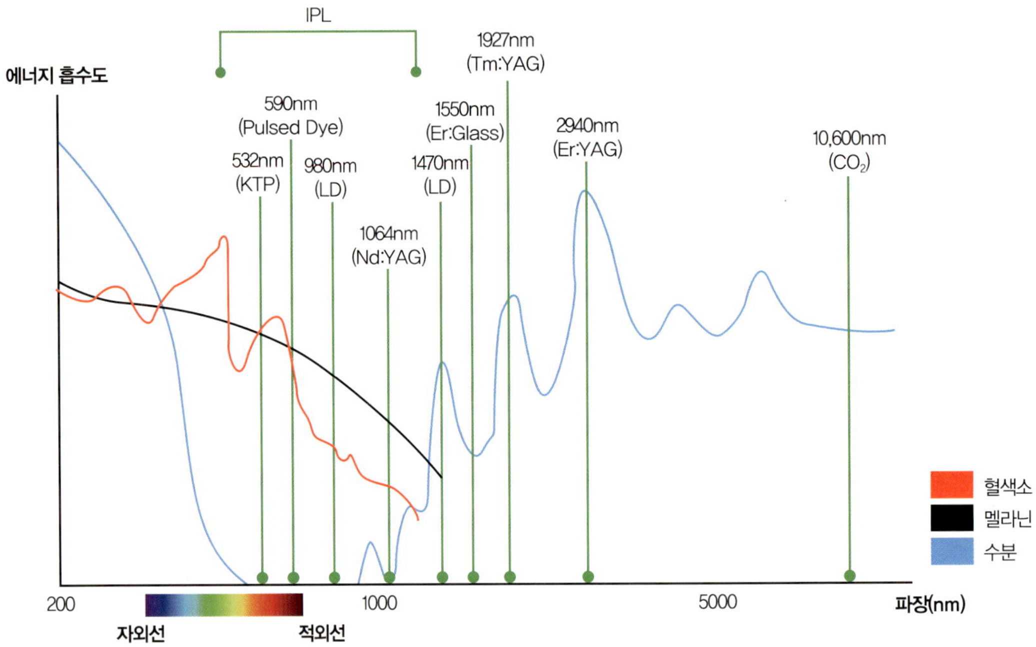

▲ 파장에 따른 에너지 흡수도

03 / 피부과 영역의 레이저

피부과 의료 분야의 레이저는 색소성 질환, 문신 제거 레이저, 혈관성 질환의 치료 레이저, 제모 레이저, 피부 종양, 흉터 등의 치료에 사용되는 이산화탄소 레이저, 어븀 야그 레이저 등이 있다. 이산화탄소 레이저나 어븀 야그 레이저를 제외한 대부분의 레이저들은 피부에서 특정 파장만을 선택적으로 흡수하는 발색단에 작용을 하여 치료효과를 보이고 있다.

〈참고〉

- 색소병변 치료 : 자연적이거나 정상적인 피부색 이외의 색소를 파괴시키는 시술
- 혈관병변 치료 : 선택적으로 비정상적인 혈관을 응고시켜 제거하는 시술
- 표피 제거 치료 : 피부 표면의 흉터, 잔주름, 쥐젖, 사마귀, 점 등의 치료에 사용
- 제모 치료 : 모근에 있는 멜라닌색소를 열적으로 파괴하여 털이 자라는 것을 방지하는 시술

발색단에는 적혈구 속의 헤모글로빈, 멜라닌색소, 문신 입자 등이 있으며 예를 들어 혈관 병변에 수로 사용되는 버사펄스 레이저, 색소 레이저, 구리증기 레이저, 아곤 레이저 등은 헤모글로빈로빈이 발색단이 되고, 색소 병변에 사용되는 Q스위치 방식의 레이저들(Q스위치 루비 레이저, 알렉산드라이트 레이저,

Q스위치 엔디 야그 레이저 등)에서는 멜라닌이 발색단이 된다. 이러한 레이저들은 발색단만을 선택적으로 파괴하고 주위 조직에 영향을 적게 미치기 때문에 혈관종, 모세혈관확장증, 화염상모반 등의 혈관병변 및 문신, 오타모반, 잡티, 주근깨, 검버섯 등의 색소성 질환을 부작용 없이 치료할 수 있도록 해준다. 한편 이산화탄소 레이저, 어븀 야그 레이저 등은 특별한 발색단이 없으며 주로 피부조직의 수분에 흡수되어 그 작용을 나타내기 때문에 일반적인 피부과 영역에서 광범위하게 사용되고 있다.

◦ 피부과 영역에 사용되는 레이저 laser 종류

레이저		파장	출력 모드	흡수물질	적용
가시광선 (400~700nm)	Ar(기체)	488~588.5	연속파	헤모글로빈, 멜라닌	혈관종 치료
	Dye(색소)	510	펄스파	멜라닌	
	Kr(크립톤, 녹)	521, 530	연속파	헤모글로빈, 멜라닌	
	더블YAG(녹)	532	Q스위치	멜라닌, 헤모글로빈, 문신	
	Cu(녹)	511	펄스파	헤모글로빈, 멜라닌	
	Kr(황)	568	연속파	헤모글로빈	
	vbeam	595	Q-펄스파	헤모글로빈	혈관성병변 치료
	Dye(혈관)(액체)	577~585	연속, 펄스파	헤모글로빈	혈관성병변 치료
	Rube(고체)	694	Q스위치	헤모글로빈, 멜라닌	제모, 필링
	Alexandrite(고체)	755	Q스위치	문신, 멜라닌	제모 전용
	He-Ne(기체)	632.8	연속파	생체 재생	통증제거, 창상치유
적외선 (1,000~10,000nm)	Nd:YAG(고체)	1,064	연속, Q스위치	단백질, 문신	깊은 색소성병변, 문신 제거, 제모
	Er:YAG(고체)	2,940	펄스파		인면박피, 필링, 피부재생술
	CO2(기체)	10,600	연속, 슈퍼펄스	물	사마귀, 점, 액취증

02 chapter 레이저의 종류

01 / 메디컬 레이저

1. 이산화탄소 레이저(CO_2 laser)

출처 : 은성글로벌 http://esglobal.co.kr/

이산화탄소 레이저는 10.600nm 파장의 적외선 영역의 광선을 발생시켜 CO_2 튜브를 이용하여 색소성 병변을 태워서 없애거나, 그 외 조직의 절개, 지혈, 배농 등에 활용되며, 양성, 악성의 피부종양 제거에 사용된다. 현재는 출력밀도를 조절하여 초단파, 극초단파 모드를 이용하여 흉터, 주름 제거 용도로 사용되기도 한다.

❶ 적응증

점(모반), 사마귀, 티눈, 표피모반, 문신 제거, 비립종, 쥐젖, 피부종양 제거

❷ 특징

다른 레이저들은 색깔별로 선택적으로 파괴시키는데 반하여 이것은 병변의 색깔을 가리지 않고 미세하게 태워서 없애는 것이기에 전기소작기로 치료하는 병변을 종류에 가리지 않고 무엇이든 치료할 수 있는 장점이 있다. 출혈이 없고 회복이 빠르며 흉터가 거의 남지 않는다.

❸ 치료 전후 관리

시술 부위에 마취크림을 20~30분 바른 후 마취크림을 제거하고 레이저를 이용하여 시술한다. 시술 후 항생제 연고나 재생테이프를 사용하며 딱지가 생기면 강제로 뜯지 말고 자연스럽게 떨어지도록 한다. 시술 후 일주일간은 무리한 운동이나 사우나를 피한다. 딱지가 떨어진 후 자외선 차단에 신경 쓴다.

❹ 부작용 : 반흔 형성

2. 아르곤 레이저(Ar laser)

아르곤 레이저는 488nm(청색)와 514nm(녹색) 가시광선 스펙트럼에서 6가지의 다른 파장을 방출한다. 이 파장은 산화 헤모글로빈로빈과 멜라닌에 선택적으로 흡수된다.

이산화탄소 레이저에 비해 빛의 산란과 열의 전도도가 높아 주위 조직을 손상시켜 피부 위축, 흉터 형성, 색소 변화와 같은 부작용으로 현재 거의 사용하지 않는다.

❶ 적응증

화염상 모반, 노인성 혈관종, 화농성 육아종, 모세혈관확장증, 성망상 혈관종

❷ 부작용 : 반흔 형성, 색소 변화, 통증이 심함

3. 엔디 야그 레이저(Nd : YAG laser)

1064nm의 적외선으로 눈에 보이지 않고 물에 흡수되지 않는다. 조직의 침투는 4~6nm로 이산화탄소 레이저보다 깊고 병소 주변 조직으로 반사. 산란되어 많은 에너지가 흡수되지 않아 열손상이 적다. Q스위치 방식을 적용하여 색소질환 치료에 사용된다.

❶ 적응증

오타모반, 문신, 혈관종, 켈로이드

❷ 부적용 : 반흔 형성, 상처 치유 기간이 길다.

4. 루비 레이저(rudy laser)

출처 : http://blog.daum.net/_blog/BlogTypeView.do?blogid=06dUJ&articleno=15568769&_bloghome_menu=recentthumb

최초의 레이저로 694nm의 적색광을 내는 레이저이다. 색소 병변만을 선택적으로 치료가 가능하고 빠른 시술과 적은 횟수로 편안한 치료를 받을 수 있고, 강한 레이저광을 짧은 시간 안에 발광하므로 주변 조직의 손상을 주지 않아 회복이 빠르다.

주로 멜라닌에 흡수되고 일부는 혈색소에 의해서도 흡수되며 표재성 및 진피성 색소병변에 효과를 보이나 최근에는 거의 사용되지 않는다.

❶ 원리

피부 색소 병변 분리→ 피부 속 색소 병변만을 선택적으로 파괴→ 멜라닌세포만 선택적 분해(타 레이저에 비해 10배 이상 멜라닌색소 흡수율이 높음) → 기간이 지나면서 치료 효과 상승

❷ 적응증

오타모반, 주근깨, 검버섯, 피부 반점, 문신 제거

❸ 부적용 : 서색소 침착 혹은 반흔이 형성된다.

5. 알렉산드라이트 레이저(alexandrite laser)

755nm의 근적외선 파장으로 Q스위치 모드로 오타모반, 문신 색소질환 치료에 이용되며 루비레이저나 Nd:YAG 레이저보다 효과가 좋고 부작용이 적다.

❶ Q스위치(Q-switched)

단시간에 높은 에너지가 방출되어 색소를 파괴한다.

❷ 적응증

잡티, 주근깨 등의 표재성 색소질환, 심재성 색소질환인 오타모반, 청색 모반, 문신 제거(적색, 녹색, 황색 문신)

6. 어븀 야그 레이저(Er:YAG)

출처 : http://www.doctorw.co.kr/news/articleView.html?idxno=7402

Er:YAG 레이저는 2,940nm의 파장을 가지고 있으며 이산화탄소 레이저에 비해 약 10배 이상 수분에 흡수가 잘 되기 때문에 1회 조사 시 약 5μm 이하의 침투력을 보인다. 이산화탄소 레이저와 비슷해서 거의 모든 피부종양 및 색소질환 치료에 사용되며, 피부에 얇게 침투하여 주변 조직에 열 손상이 적으며 피부를 정교하게 깎아낼 수 있어 레이저 필링으로 주름, 여드름 흉터, 함몰된 흉터, 모발이식 수술에도 이용될 수 있다.

• **적응증** : 모반, 일광입술염, 땀관종, 모낭상피종, 신경섬유종, 혈관섬유종, 림프관종, 사마귀, 안검황색종, 비류, 점액낭종, 안면육아종, 문신, 뾰족콘딜로마, 켈로이드, 표피모반, 지루각화증, 흑색점, 주근깨

7. 다이오드 레이저(Diode Laser)

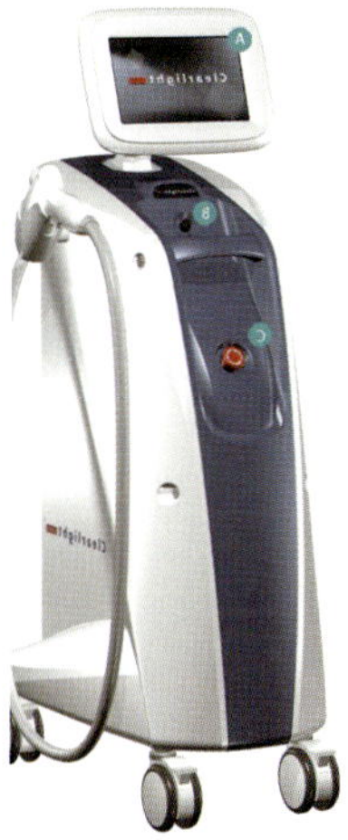

출처 : 은성글로벌 http://esglobal.co.kr/

ClearLight LD에 적용된 반도체 다이오드는 GaAs 매질을 사용하여 유도방출 현상을 통해 808nm 파장의 빛을 발생시킨다. 발생된 빛은 공진기로 증폭시켜 높은 출력의 레이저로 출력된다.

ClearLight LD808에서 출력된 808nm의 레이저는 피부 조직 내에서 존재하는 발색단을 자극하여 조직의 절개, 파괴, 제거의 효과를 나타낸다.

600~11,000nm 파장대에 속하는 레이저는 발색단 중 하나인 멜라닌에 잘 흡수되는 레이저로서, 특히 낮은 파장대에서 더 높은 흡수율을 보인다. 멜라닌에 흡수된 레이저는 열 에너지로 전환되며, 이 열에너지는 멜라닌이 함유된 조직의 파괴 및 제거를 유도한다.

물이나 헤모글로빈로빈에 흡수되지 않아 조직의 깊은 곳까지 침투가 가능하고. 세포를 파괴시키지 않으면서 면역계 자극 및 신진대사를 촉진한다.

• **적응증** : 안면홍조, 기미, 주근깨, 제모, 여드름 치료

8. 색소 레이저(dye Laser)

용매에 유기색소와 rhodamine 색소를 녹여 이를 매질로 사용하는 색소 레이저이다. 에너지원으로 flash lamp를 사용하여 분획광이 방출되므로 Pulsed Dye Laser (P.D.L)라 한다. 마취가 필요없고 반흔의 위험이 적다.

- **적응증** : 흑자, 주근깨, 반점

9. V빔 레이저(V beam Laser)

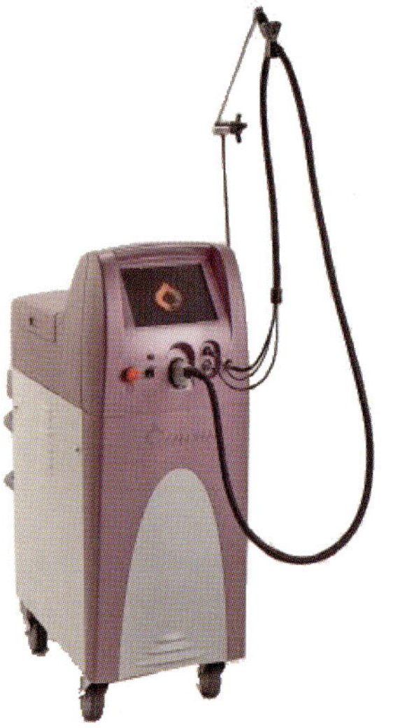

출처 : http://www.artinskin.co.kr/sub08/vividity.html?mode=view&page=2&uid=32&id=13

짧은 시간에 고출력의 에너지를 표적조직에 조사하면 에너지가 혈액과 혈관벽에 국한되고 주위 조직은 손상을 받지 않아 레이저가 통과되는 위쪽의 피부와 정상조직에는 영향을 거의 미치지 않는다.

V빔 레이저는 585nm 파장의 빛을 발산한다. 정상피부에는 손상을 주지 않고 혈색소에만 흡수되는 레이저 파장을 방출하여 기존의 색소 레이저로 치료가 잘되지 않는 안면홍조, 모세혈관확장증 등의 혈관질환에 안전하게 사용할 수 있다.

❶ 적응증

혈관질환, 모세혈관확장, 안면홍조, 여드름 붉은 흉터, 실핏줄, 튼살, 사마귀 치료

❷ 특징

V빔 레이저가 내는 빛이 여드름균을 억제하는 작용이 있고 염증성 여드름의 확장된 혈관을 제거하기 때문에 홍반이 동반되는 여드름 치료에 사용된다. 마취크림이나 마취주사를 할 필요 없이 시술을 받을 수 있으며 약간의 열감 이외에는 통증이 적고 시술 후 붉은 기는 빠른 시간 내에 회복된다. 시술 후 바로 세수나 가벼운 샤워, 화장이 가능하다.

❸ 치료 후 상태

시술 당일은 열감과 함께 따끔거리고 붉은 현상과 약간의 붓는 증상이 있다. 시술 다음날, 혈관 확장이 심한 경우나 혈관종을 치료하는 경우는 높은 에너지로 치료하기 때문에 피부가 약간 붓거나 멍이 들 수 있다.

10. 헬륨네온 레이저(He-Ne laser)

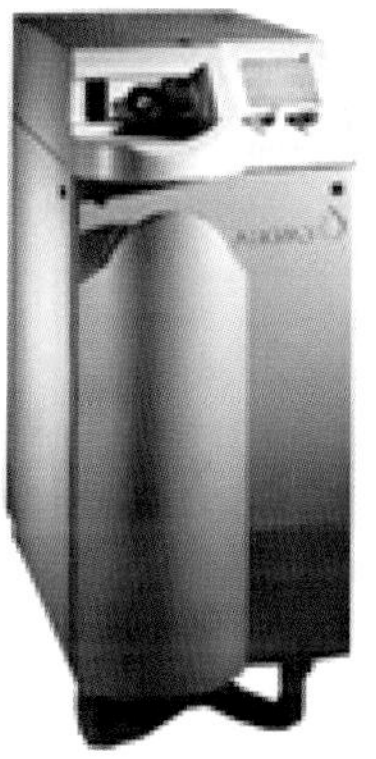

633nm 지속파 적색광으로 저출력 레이저로 통증이 없고 치료 후 흉터가 없다. 치료 후 새로운 피부의 재생을 촉진해 치료 기간을 단축시켜, 화학적 필링 후나 기타 레이저 필링 후 보조적인 방법으로 많이 사용한다.

- **적응증** : 혈행 촉진, 치유 촉진, 알레르기성 피부염, 통증 완화, 필링 후 피부재생, 레이저 치료 후 피부재생

11. 엑시머 레이저(eximer laser)

고출력의 자외선 레이저로 정상피부에는 영향을 주지 않으며 부작용이 적다. 광학 치료법에 의해 멜라닌 생성을 빠르게 유도하여 색소 침착을 빠르게 하지만 병변이 전신적으로 넓게 퍼져 있는 경우에는 효율성이 떨어진다.

• **적응증** : 백반증, 건선, 튼살

12. 프락셀(fraxel)

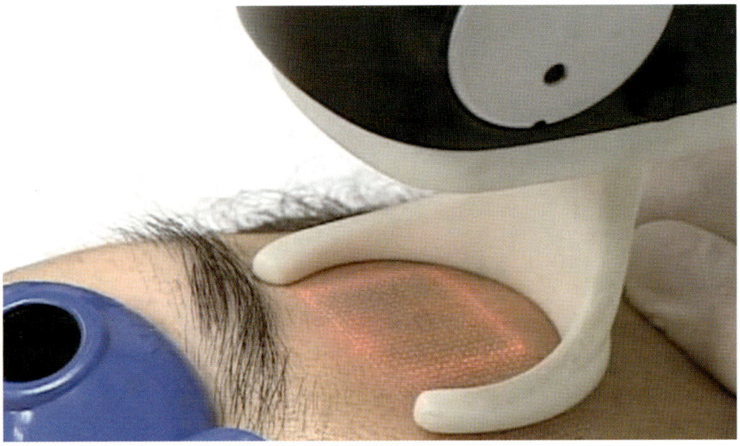

▲ 프락셀 시술 사진
출처 : 은성글로벌 http://esglobal.co.kr/

1㎠ 당 200~300개 정도의 미세한 구멍을 만들어 피부 속에 열을 침투시켜 주변의 건강한 세포들이 손상된 피부의 재생을 도와주어 피부의 탄력을 높여주는 레이저로 분획 박피용 레이저이며 레이저 기기 중 가장 먼저 등장한 레이저이다. 프락셀 레이저 시술법은 피부를 깎지 않고 미세한 구멍을 뚫어 피부의 괴사와 콜라겐 재생을 통해 새로운 조직의 형성을 유도하는 안전하면서도 효과적인 피부재생 시술이다.

❶ 프락셀 레이저의 특성

㉠ 피부 속 탄력 성분인 콜라겐과 엘라스틴을 수축, 생성시켜 움푹 파인 여드름 자국을 차오르게 한다.

㉡ 노화된 탄력섬유를 재생시켜 모공이 축소되고 주름 개선 및 피부 탄력에 뛰어난 효과가 있다.

㉢ 기존 레이저로는 만족하지 못했던 부위인 팔이나 다리 손등, 목 부위에 좋은 효과를 나타낸다.

㉣ 표피와 진피의 색소 문제가 동시에 개선되며, 전반적인 피부톤이 매우 화사하고 건강한 안색으로 회복된다.

❷ **적응증** : 여드름 흉터 및 외과 흉터 개선, 잔주름 개선, 피부톤과 피부결 개선, 튼살 및 모공 개선

◦ 일반적인 레이저 치료의 순서 ◦

❶ 세안으로 화장을 지운다.

❷ 치료 전에 국소 마취주사나 마취연고를 이용하여 치료할 부위에 대하여 국소마취시킨다. 마취연고는 적어도 레이저 치료 30분 전에 발라두어야 효과를 볼 수 있다.

❸ 치료 시 눈에 대한 레이저 광선의 자극을 피하기 위해 보호안경을 이용하여 눈을 가린다.

❹ 병변 및 치료에 맞는 레이저를 선택 후 국소부위 또는 얼굴 전체에 시술한다.

❺ 치료 후에는 치료 종류 및 강도나 범위에 따라 얼음찜질을 하거나 진정팩을 올려준다.

❻ 진정 후 항생제 연고를 바르거나 재생 테이프를 붙여준다.

◦ 레이저 시술 전 주의 사항 ◦

❶ 당뇨병, 결체조직 질병, 방사선 요법이나 항암 화학요법에 의해 생긴 병변, 암이나 기타 만성질환자는 피한다.

❷ 국소마취, 항생제 또는 다른 투약에 대한 알레르기가 있는 사람은 피한다.

❸ 광과민성 피부는 피한다.

❹ 알코올이나 약물 남용을 포함한 정신 신경질환자는 피한다.

❺ 임산부 및 임신 가능성이 있는 사람은 피한다.

❻ 강한 자외선 노출 후는 피한다.

❼ 기존의 피부질환(켈로이드, 헤르페스 등)자는 피한다.

◦ 레이저 시술 후 주의 사항 ◦

❶ 치료 후 개인에 따라 약 3~7일 정도 치료 부위가 붉게 변하며 부기가 지속될 수 있다.

❷ 시술 당일과 다음날에는 냉찜질과 진정팩 등 진정관리를 하면 통증이나 부기 완화에 도움이 된다.

❸ 치료 후 세수나 가벼운 샤워는 가능하지만 뜨거운 욕탕 및 사우나, 땀이 나는 심한 운동, 음주 등은 삼간다.

❹ 치료 후 부분적으로 물집이 잡히거나 딱지 생길 수 있다. 딱지를 과도하게 문지르거나 제거하지 않는다.

❺ SPF30, PA++ 기능의 자외선차단제를 발라 자외선을 차단한다.

❻ 가벼운 화장은 2~3일이 지난 후부터 가능하나 세안 시 많이 문지르지 않도록 주의한다.

❼ 치료 후 모낭염이나 단순포진 등 물집성 병변이 생길 수 있다.

02 / 빛을 이용한 기기

1. 광역동요법, PDT(Photodynamic therapy)

출처 : http://www.wizmedic.com/shop/product/lists_company/17/1

광감작 물질을 도포하고 피지선에 흡수, 빛을 쪼여 주어서 치료한다. 기존의 난치성 여드름이나 재발성 여드름과 같은 지속적인 약물용법의 불편함과 부작용을 덜어주기 위한 방편으로 새롭게 개발한 치료법이다. 피부 표면에 광흡수제를 도포한 후 광전문 치료기기를 이용하여 피지선을 선택적으로 파괴시키고 피지선의 피지 분비를 감소시키는 치료법으로 여드름균을 사멸시킴으로써 피지선을 정화, 각질세포를 탈락시켜 폐쇄되었던 모공을 확장시켜 모공을 청소해주고 각질관리까지 되기 때문에 여드름 치료에 효과가 좋다.

❶ 원리

빛을 받으면 여드름의 주 원인균인 여드름균(Propioni-bacterium acnes)이 생성한 포르피린(porphyrin)이 빛을 흡수하여 활성산소가 만들어지고 이것이 여드름균을 파괴하여 여드름이 좋아진다.

❷ 적응증 : 여드름, 모공, 블랙헤드, 번들거림

❸ 특징

㉠ 여드름의 원인인 피지선을 파괴하므로 6~12개월 동안 재발을 억제한다.

㉡ 여드름 치료와 동시에 블랙헤드 제거와 모공 축소 기능으로 피부 전체가 좋아지는 효과가 있으며 넓은 부위 치료가 가능하다.

㉢ 피지조절제와 같이 약을 복용하거나 바르지 않아도 되기 때문에 간편하고 편리하다.

㉣ 시술 후 1~2일 정도 붉어지고 2~5일 사이에 각질이 발생되나 치료 1주일 정도면 여드름이 가라앉아 빠른 치료가 가능하다.

㉤ 광과민 물질을 피부에 도포하여 피지선으로 흡수시키면, 특정 파장대의 광선 조사 광과민 물질이 분해되면서 방출하는 에너지와 화학반응으로 피지선이 파괴·위축되면서 피지 감소, 모공 개선, 여드름, 붉음증 개선, 주사, 사마귀, 광선각화증에 효과가 난다.

◦ LED ◦

423~640nm에 이르는 다양한 근적외선 SMD LED 파장의 빛이 피부에 조사되어 피부 문제 개선에 도움을 준다.

효능

- 레드라이트(640nm) : 피부세포 재생, 혈액순환 촉진, 상처 재생
- 블루라이트(423nm) : 살균, 여드름, 모공관리, 피부 트러블 진정
- 그린라이트(532nm) : 예민피부 개선, 진정 효과
- 엘로우라이트(583nm) : 홍조, 홍반, 미백관리

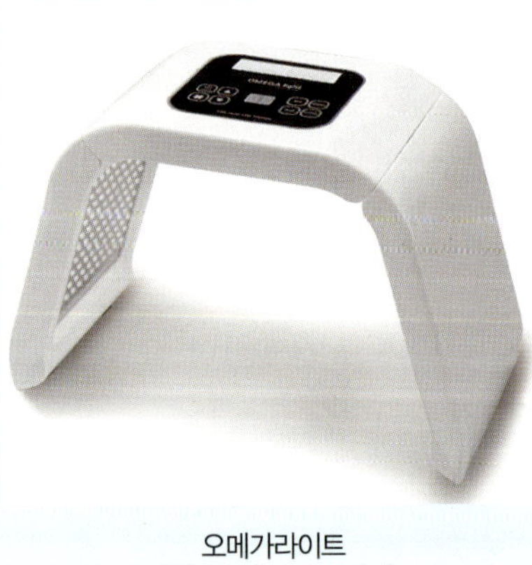

오메가라이트
출처 : http://omelon.co.kr/

LED 마스크

2. 광선레이저(intense Pulsed Light, IPL)

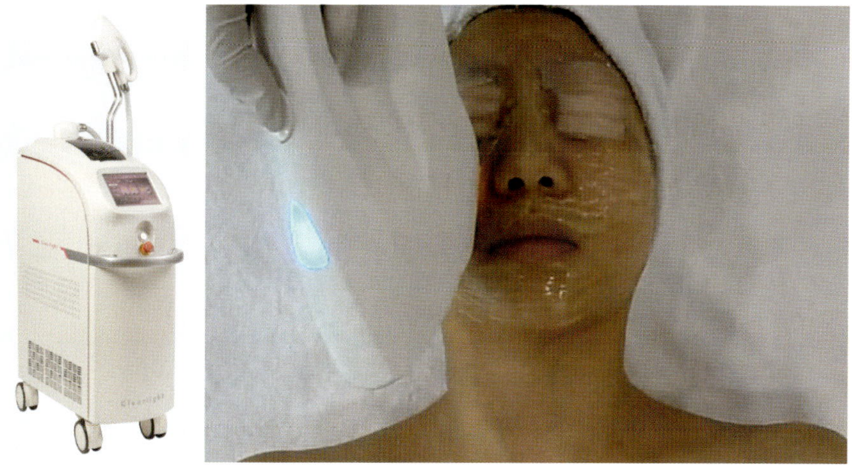

▲ IPL 시술 사진

IPL은 intense pulsed light의 약자로 기존의 레이저보다는 강도가 더 강하고 선택적으로 필요한 조직만을 파괴시킴으로써 영구제모, 모세혈관 확장, 색소침착, 모공 확대 등에 동시에 활용할 수 있다. IPL은 효능과 안전성에 대해 미국 FDA 승인을 받았으며 미국 유럽에서는 이미 보편화된 치료 방법이다. 아시아에서는 일본에 이어 국내에서도 몇 년 전부터 보급되기 시작하여 레이저 치료를 빠르게 대체하고 있다.

광회춘술(Photorejuvenation) : 복합적인 파장을 갖는 IPL 빛을 이용하여 선택적으로 표피와 진피 경계부에 미세한 자극을 주어 섬유모세포의 활동을 자극하여 콜라겐, 엘라스틴, 글리코아미노글리칸 등의 진피를 구성하는 물질을 활발하게 생산하게 하고, 표피의 손상 없이 잔주름이나 모공, 잡티, 홍조 등 피부톤의 불균형, 피부 결의 변화 등 미세한 노화 현상을 바로잡아 피부의 탄력과 탱탱함이 되살아나게 한다.

- **적응증** : 잡티 제거, 탄력 증가, 안색을 맑게 함, 모공 축소, 혈관질환, 켈로이드, 다크서클

❶ **특징**

㉠ 다양한 파장을 동시에 조사할 수 있다.

㉡ 모세혈관 확장, 색소침착, 모공 확대 등의 전혀 별개의 질환을 부작용 없이 동시에 치료가 가능하다.

㉢ 안전하고 기존 레이저보다 더 강한 효과가 있다.

❷ **적응증** : 색소 제거, 미백, 주근깨, 모공 확장, 제모, 혈관성병변 치료

03 / 고주파를 이용한 기기

1. 인트라셀(intracel)

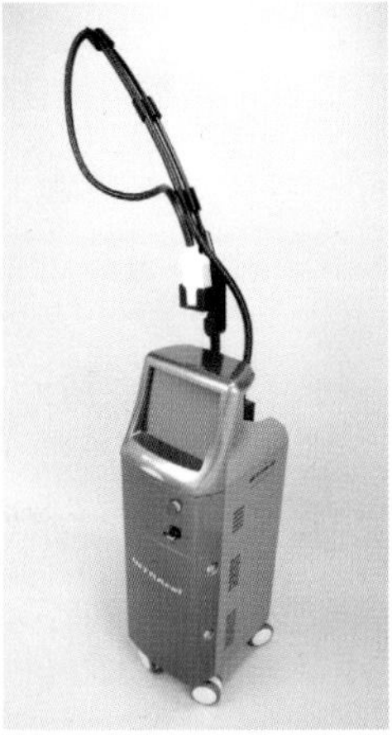

출처 : http://selimderm.co.kr/%EC%B9%98%EB%A3%8C%EC%9E%A5%EB%B9%84

잔주름, 모공, 흉터 등을 개선하는 레이저이며, 표피 손상 없이 진피 내 타겟 부위에 확실한 치료 영역을 형성한다.

프락셀 방식으로 배열된 gold needle을 피부 안쪽으로 삽입, 진피층에 순간적인 고압의 고주파를 방사해 콜라겐의 재생을 활성화시켜 피부 손상 없이 치료가 가능하다.

❶ **적응증** : 여드름 흉터, 모공, 탄력, 주름 개선

❷ **특징**

㉠ 강력한 고압 펄스로 심부 피부에 열 손상을 가함으로써 노화된 콜라겐을 파괴하고, 새로운 콜라겐의 재생을 최대화한다.

㉡ 목적으로 하는 피부 조직 내에 순간적 고압 펄스를 사용하므로 표피 화상이나 통증 우려 없이 핀 포인트 고주파(RF)에너지의 세밀한 컨트롤이 가능하다.

㉢ 인트라셀의 gold needle은 피부에 직입 직출함으로써, 정교한 시술이 가능하며, 통증을 최소화하고, 정확한 에너지를 전달할 수 있게 한다.

❸ **원리**

미세 금 니들(Needle)이 내장된 인트라셀 팁을 피부에 밀착시킨 후 진피층 깊이 찔러 넣으면, 니들 끝 부분에서 순간적으로 고압 고주파를 발생시켜 노화된 콜라겐을 파괴하고 새로운 콜라겐을 형성시킨다.

2. 폴라리스 레이저(polaris laser)

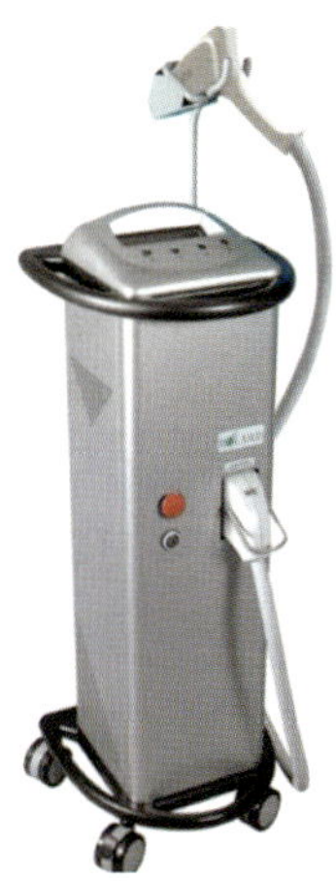

출처 : http://m.blog.naver.com/ymwhp/70092279089

고주파(RF)와 900nm 다이오드(diode) 레이저를 동시에 이용하는 치료법

두 에너지의 장점만을 이용해 효과적으로 콜라겐 생성을 촉진, 피부 탄력과 잔주름 개선 효과가 있다.

- **적응증** : 잔주름, 피부의 탄력 증가

04 / 기타의료기기

1. 물광

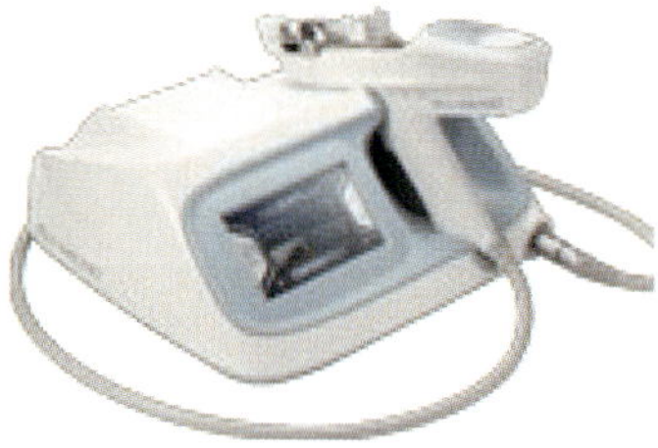

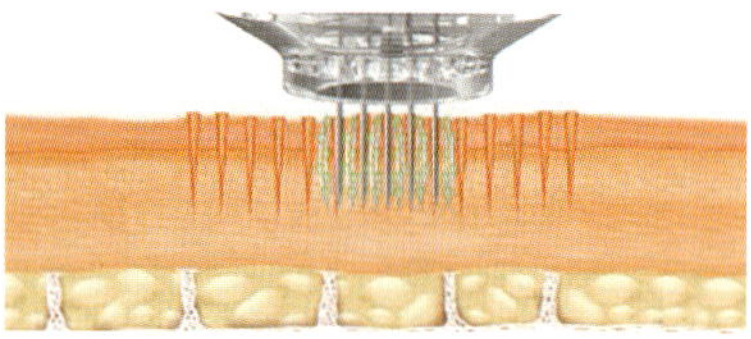

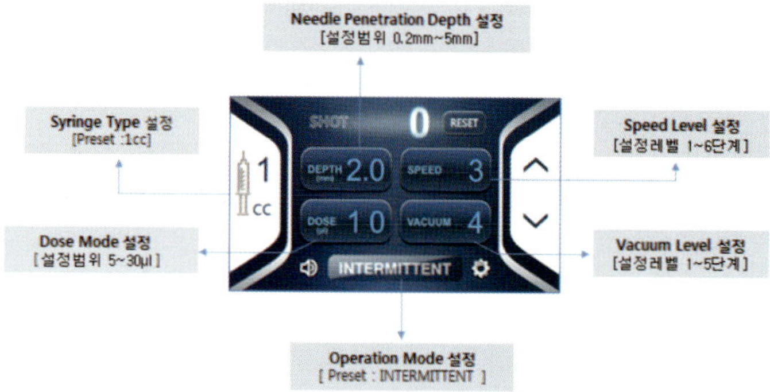

출처 : 은성글로벌 http://esglobal.co.kr/

피부 진피층에 균일하게 히알루론산을 주사하여 피부를 촉촉하고 탱탱하게 만드는 시술이다. 피부톤 개선과 탄력·보습 효과, 기미·잡티 등 색소질환 개선, 탄력 및 항노화(잔주름 완화, 얼굴 피부 탄력 개선, 피부 노화 개선), 보습(세안 후 피부 당김 개선, 각질 개선, 탄력 개선, 환절기 건조함 개선) 효과가 있다.

❶ **설명** : 설정된 주입량에 따라 일정한 비율과 양의 약물을 멸균주사침을 통해 환자에게 주입하는 기기이다.

❷ **특징** : 시술 시간이 짧으며(약 10분) 연고 마취로 시술이 가능하다. 통증이 없으며, 시술 후 바로 일상생활이 가능하다.

2. MTS(microneedle therapy system)

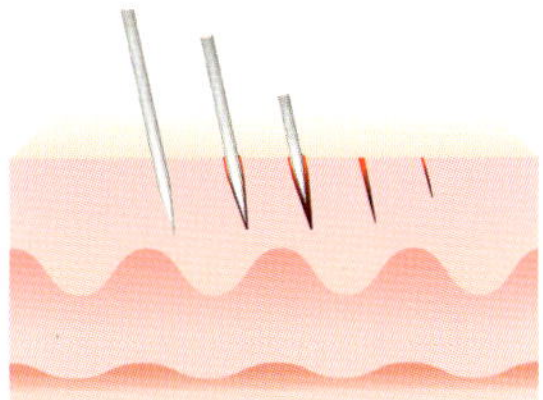

다륜침을 이용한 시술

시술에 사용되는 다륜침

작은 바늘들이 물리적 손상을 일으켜 섬유아세포를 자극하여 콜라겐 리모델링을 유도하고 분자량이 큰 약물이나 극성화가 어려운 약물이 피부에 효과적으로 침투할 수 있는 통로를 만들어주어 피부재생 효과를 기대하는 치료법이다. 여드름 흉터나 넓어진 모공에 미세한 바늘이 부착된 롤러를 이용하여 피부에 자극을 주는 방법이 사용된다.

❶ **적응증** : 흉터, 여드름 흉터, 상처 치료

❷ **부작용**

일시적인 홍반 및 가피가 생기며 드물게 시술 부위에 세균 및 바이러스 감염이 동반될 수 있고 과색소침착이나 저색소침착 등의 색소 이상이 생길 수 있다.

3. 울쎄라(ulthera) : 무절개 초음파 안면거상술

출처 : http://drlees.co.kr/mobile/image/laser01.png

울쎄라는 고강도 직접 초음파를 이용한 주름 치료 및 리프팅 시술 레이저이다.

외부 초음파를 이용하므로 피부를 직접 절개하지 않아도 장착된 초음파 이미지 장치로 피부 구조를 직접 확인하면서 시술한다. 피부 표면 아래 3~4.5mm에 맞추어 고강도 초음파를 조사하여 에너지를 전달하는 방식으로 만들어진 열 반응으로 인해 즉각적인 탄력이 일어남과 동시에 상처 치유 과정이 시작된다. 치유 과정에서 사이토킨이라는 물질이 나오게 되는데 이 물질은 콜라겐을 합성하고 새로운 콜라겐을 생성하여 작용이 활발히 일어나 리프팅 효과를 볼 수 있다. 특히 안면, 목 주름에 탁월한 효과가 있다.

- **원리** : 고강도 집속형 초음파(HIFU, high intensity focused ultrasound) 3~4.5nm 깊이 SMAS층에 초음파열(55~70도)을 전달-주름 개선 피부 접촉 부위는 뜨겁지 않고, 피부손상이 없다.

4. 크라이오셀(cryocell)

출처 : http://m.blog.naver.com/duiangil74/60155041708

민감한 피부의 수분 공급과 미백, 수술 후 부종과 통증 완화에 효과적이다. 냉동전기용법이라고 하는 아이스 테라피를 통해 피부의 표면을 차갑게 냉각시켜 약물을 침투하는 시술로 피부의 표면이 냉각되기 때문에 비교적 강한 전류의 힘이 가해져도 피부 보호가 가능하며, 혈관이 수축되어 약물이 혈관으로 흡수되지 않고 피부에 머물러있게 해 효과를 더욱 좋게 한다. 시술 시 시원한 느낌 외에는 통증이 거의 없어 기존의 주사 시술이나 레이저 관리에 비해 편안한 시술이 가능하다.

레이저 시술 후 진정관리로 많아 사용된다.

❶ 크라이오셀의 특징

㉠ 피부 진정과 약물 침투력 효과가 뛰어나다.

㉡ 아토피, 여드름, 홍조, 민감성 피부 치료에 효과적이다.

㉢ 레이저, 수술 후 부종 및 통증 관리에 효과적이다.

㉣ 기미, 색소침착, 주름 등 전반적인 피부 개선에 효과적이다.

03 chapter 메디컬 바디 기기

01 / 냉동기기(coolshaping, 쿨 셰이핑)

쿨 셰이핑은 시술 부위에 Cool-energy를 일정하게 전달하여 피부 표면의 손상이 거의 없이 지방세포의 자연괴사를 유도하는 기술로 시술 후 피하지방 감소에 도움을 주는 비만 장비이다.

두 개의 핸드피스를 동시에 사용 가능하며(싱글모드, 더블모드) 동시에 각기 다른 부위에 동시 시술이 가능하다.

- 핸드피스 사이즈 다양화 (Large, Medium, Small)
- 시술 시간, 시술 온도 확인
- Manual, Automatic 기능
- 석션 압력 조절 기능

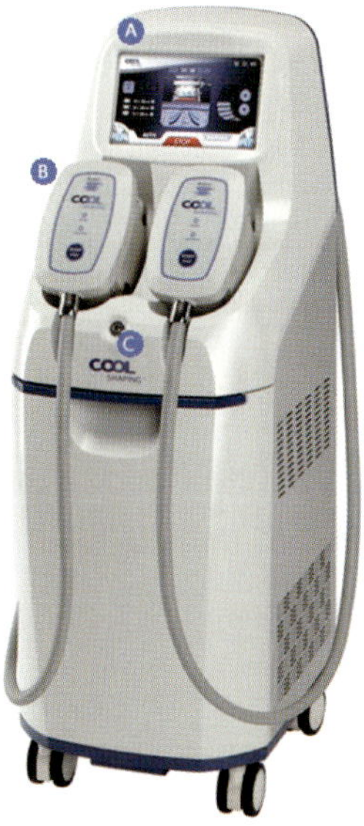

출처 : 은성글로벌 http://esglobal.co.kr/

시술 부위에 타깃 온도의 크라이오 쿨링 에너지 방출 → 타깃층 냉각화 진행 → 시술 절차에 따라 괴사된 지방세포는 자연적 신진대사 과정을 통해 제거 → 지방세포 분해 및 제거

02 / 엔더몰리지+고주파 기기(powershape2)

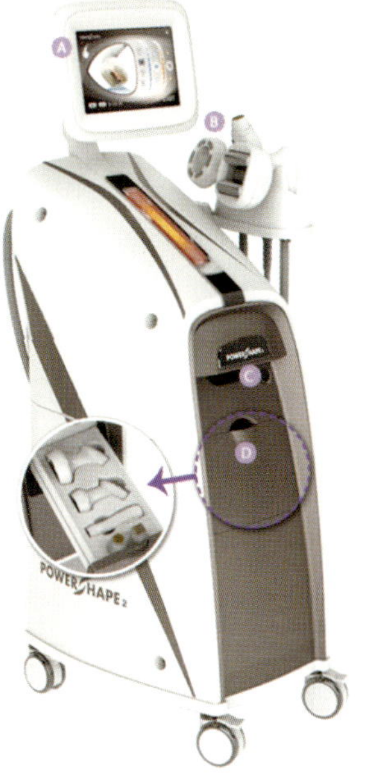

출처 : 은성글로벌 http://esglobal.co.kr/

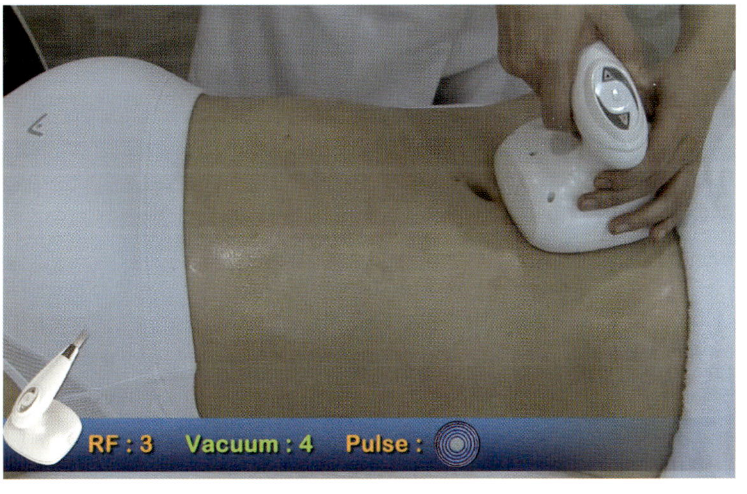

▲ 시술 사진

Bi-polar RF, Multi-polar RF, Suction, Thermal 기능이 결합되어 RF에너지와 Suction 기능이 동시에 타깃층에 작용하는 기기이다.

◦ 사용 방법 ◦

❶ 적용 부위에 고주파크림 도포
❷ 부드럽게 근육 방향으로 원 그리듯 시술
❸ 1~7단계의 석션 레벨 조절 가능
❹ 4가지 type의 석션 펄스 모드 지원
❺ 1~10단계의 RF 레벨 조절 가능
❻ 시술 후 온습포를 이용하여 크림 제거

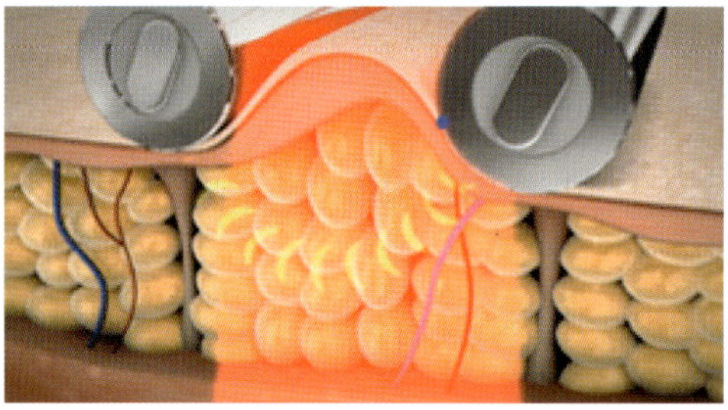

• **Roll handpiece**

석션 기능이 치료 부위를 끌어 올려 고정하고, Bi-polar RF를 타겟 부위에 근접하게 작용하게 함으로써 치료 부위의 개선효과에 도움을 준다. 롤러 타입의 핸드피스가 넓은 부위도 빠른 시술이 가능하도록 한다.

• **Multi-polar handpiece**

RF 에너지를 비침습적인 방법으로 세포조직에 전달한다. 전달된 RF 에너지가 열을 일으켜 치료 부위의 개선 효과에 도움을 준다. 다양한 사이즈의 멀티 폴라 핸드피스 팁을 제공하여, 다양한 부위에 시술 가능하다.

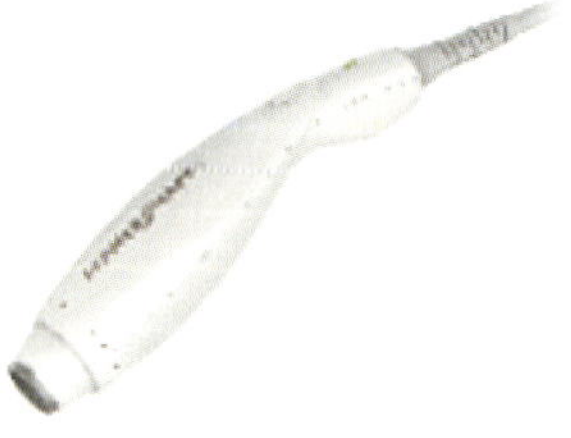

• **Thermal handpiece**

부드럽게 치료 부위를 문질러서 Thermal 에너지를 비침습적인 방법으로 타깃층에 전달한다. Large, Small 팁을 제공하여 다양한 부위에 시술이 가능하다.

03 / 카복시

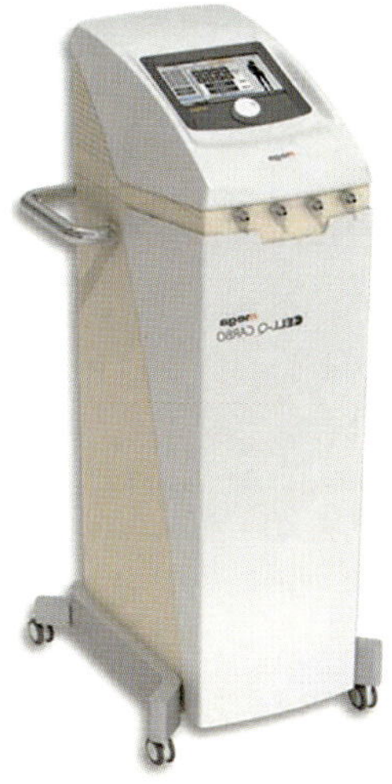

출처 : https://aestheticpharma.com/pl/karboksyterapia/815-cell-q-carbo-1300ct.html

1932년 프랑스에서 폐쇄성 혈관 질환 환자의 치료 목적으로 사용한것이 시초이며, 이후 류마티즘이나 건선, 당뇨병 환자의 족부 궤양과 화상 환자의 피부재생, 흉터 제거 등에 사용되었다. 최근에는 이산화탄소(CO_2) 가스를 피하 지방층에 직접 주입하여 체지방을 감소시키는 목적으로 시술하고 있다. 신체 중 지방이 많은 부위에 미세한 주사바늘을 통해 일정량의 인체에 무해한 의료용 이산화탄소 가스를 주입하여 가스가 피하지방 세포 내로 주입되면서 피하에 있는 지방세포를 팽창시켜 피하지방을 파괴시키는 시술이다. 일시적인 과이산화탄소 등으로 인해 말초혈관이 확장되어 미세혈류량의 증가로 피하지방의 지방대사가 활발해져 지방세포의 빠른 배출 유도로 유산소 효과가 일어나게 하는 장비이다.

1. 특징

❶ 탁월한 지방 분해 효과를 가지고 있다.

❷ 국소적으로 축적되어 있는 지방세포를 분해하는 데 뛰어난 효과가 있을 뿐만 아니라 기형적으로 비대해진 지방세포와 이에 동반되는 혈액순환 장애 등의 문제를 해결할 수 있다.

❸ 외형적으로 보기 흉한 셀룰라이트 제거에 탁월한 효과를 나타낸다.

❹ 피부 탄력이 증가하는 효과를 기대할 수 있다.

❺ 안전하다.

❻ 짧은 시술 시간으로 다양한 부위 시술이 가능하다(마취 없음).

❼ 타 비만 프로그램과 병행 시 효과가 상승한다.

04 / 트리플바디(triple body, low level laser)

고주파 전류기 인체 내에 통전되면 조직에서 열이 발생하는데 이것을 심부열이라 한다. 트리플 바디는 635nm 다이오드를 사용한 저출력 레이저를 지방 축적 부위에 조사하여 지방세포의 구조가 변화하여 지방분해가 용이한 상태가 되면 인체에 무해한 고주파를 이용하여 체내에 심부열 발생을 유도하는데, 이때 열에너지는 지방 분해 및 셀룰라이트 감소의 효과가 있다.

❶ 특징

㉠ 파장 : 635nm

㉡ 50mW X 5 Laser Diodes / PAD

㉢ START 시, MF & RF와 동시에 출력

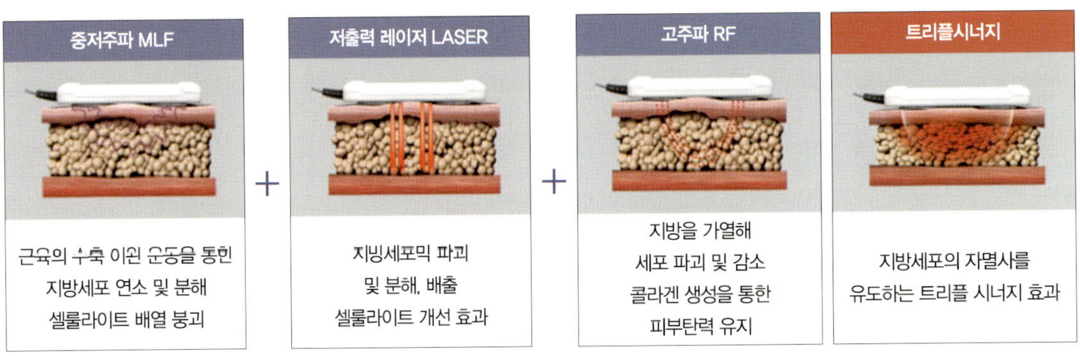

❷ 사용 방법

㉠ 1단계 : 디자인한 부분 솔루션 도포 후 패드를 밀착하여 부착한다.

㉡ 2단계 : MF&LF 모드로 작동하여 지방 및 셀룰라이트 배열을 붕괴시킨다.

㉢ 3단계 : LLL 및 고주파를 이용한 지방 융해 및 가열을 한다.

㉣ 4단계 : 트리플 모드를 작동한다.

㉤ 5단계 : 트리플 시너지 효과-피하지방층 온도를 45도 이상 유지시키는 단계로 지방세포의 자연사를 유도한다.

05 / 냉동사우나 (The aurora cryosauna)

출처 : https://blog.naver.com/ionstudio12/221382539637

최근 냉동요법(Cryotherapy)으로 유명한 클라이오 사우나 기기이다. Cryotherapy의 어원은 그리스어로 cryo(kruos)는 '차가움', therapy(therapeia)는 '치료'를 의미한다. 1970년대 말 일본의 토시로 야마우치(Toshiro Yamauchi) 박사가 류머티즘 환자들을 대상으로 처음 적용하였고 이후 미국, 영국, 프랑스, 폴란드, 러시아 등 서구권 국가들을 중심으로 연구되고 발전되었다. 크라이오 테라피는 약 영하 130°C 이하 극저온의 온도에서 체온을 의도적으로 낮추고 몸이 이에 반응하여 신진대사 활성화 및 신체 자가치유능력이 발동하도록 유도하는 요법이다.

❶ 사용 방법

크라이오 장비의 캐빈(cabin) 내에 사용자가 위치하고 액체질소로부터 변환된 영하 130°C 이하의 질소증기를 환자의 머리를 제외한 전신에 순환시키는 방법으로 이루어진다. 이 과정에서 몸이 잃은 열을 보충하여 항상성을 유지하기 위해 갈색지방이 흰색지방(3분 사용 시 약 800Kcal)을 태워 열 발생을 일으키며 혈중 CRP

수치 감소, 신경계 및 염증세포 억제, 근골격 기능 향상 등의 작용으로 인해 체지방 감량, 체중 관리, 치료, 회복 등에 사용된다.

❷ 효과

체중 감소, 체내 독소 제거, 혈액순환 활성화 및 산소 공급, 통증 완화, 근육 치료 및 염증 감소, 엔도르핀 생성, 우울증 및 스트레스 감소, 피부미용 및 안티에이징 효과

PART 05

기타
(측정 및 임상기기)

01 chapter 피부 홍반 및 멜라닌 측정기

화장품의 미백 효과 및 색소 병변의 레이저 치료에 따른 효과, 피부 홍반 반응 평가 등에 따른 효과판정에 필수적인 장비로 인정받고 있다. 국내의 경우 식품의약품안전청의 기능성 미백 화장품 및 피부색소 개선 제품들의 적용 효과에 관한 기기 가이드라인으로 선정되어 있으며, 미백 효과에 대한 객관적 검증을 통한 과학적인 데이터를 기반으로 한 차원 높은 고객관리 시스템을 구성할 수 있다.

01 / 피부 홍반 측정기

❶ 원리

피부에 침착된 멜라닌색소와 피부 홍반의 정도를 분광 광도 분석의 원리를 이용해 측정하는 장치이다.

❷ 측정

색소침착도 및 홍반 수치 측정이 가능하다. 단위는 0~999까지의 상대적인 수치(A.U.)로 표시하고, 측정 결과는 피부에 센서를 접촉한 직후 측정치가 표시된다.

❸ **기기** : Mexameter(MX18, Courage-Khazaka, Colongne, Germany)

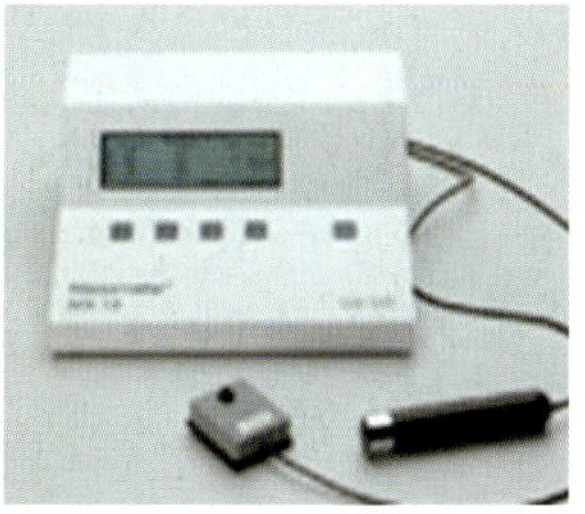

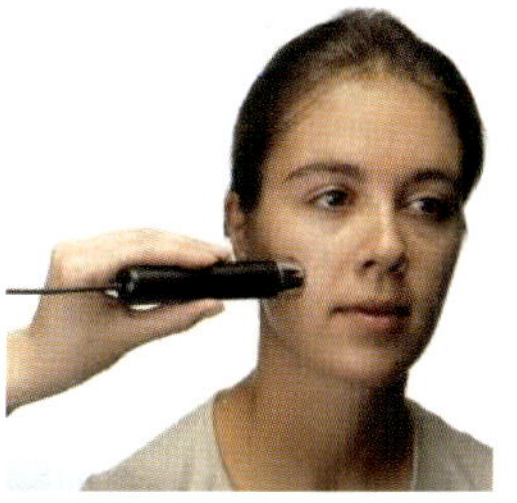

❹ 홍반 및 멜라닌 측정 결과 해석 예시

이 분류의 기준은 개인의 태양 감수성을 나타내는데 유용하긴 하지만, 주관적인 판단에 의한 것이므로 절대적인 것은 아니다. 피부과에서는 피츠패트릭(Fitzpatric)이란 사람이 정한 6가지 phototype을 사용하여 다음과 같이 분류하고 있다.

Photo type	Description	평균 최소 홍반량 (MED, mJ/cm^2)	Average Melanin Index Level
I	Celtic type : 항상 쉽게(매우 심하게) 붉어지고, 거의 검게 되지 않는다. 피부가 쉽게 벗겨진다.	2~30 (2.4%)	0~49 (0.5%)
II	Caucasian type : 쉽게(심하게) 붉어지고, 약간 검게 된다. 피부가 벗겨진다.	25~35 (8.8%)	50~99 (4.7%)
III	European mixed type : 보통으로 붉어지고, 중간 정도로 검게 된다.	30~50 (48.8%)	100~149 (28.9%)
IV	Mediterranean type : 그다지 붉어지지 않고, 쉽게 검어진다.	45~60 (22.2%)	150~199 (48.6%)
V	Asian/Indian type : 거의 붉게 되지 않고, 매우 검게 된다.	60~80 (17.8%)	200~299 (16.2%)
VI	Black skin type : 전혀 붉게 되지 않고, 매우 검게 된다.	80~200	300~999 (1.1%)

type 1로 갈수록 피부는 하얗고 햇빛을 쬘 때 타기보다는(멜라닌을 잘 형성하기보다는) 화상을 잘 입는 피부형이고, type 6으로 갈수록 피부는 검고 화상을 잘 안 입으면서 쉽게 타는 경향이 있다. 우리나라 사람들은 황인종으로 대개 phototype 3~5에 속한다.

02 / 피부톤 측정기

❶ 원리

피부 표면의 색채 측정을 위해 3속성의 값을 구하는 기기이다. 순색에 가까울수록 채도가 높으며 다른 색상을 가하면 채도가 낮아진다. 무채색은 채도가 0인 색을 가리킨다. 측색에는 인간의 눈으로 하는 육안 검색이 있는데 이는 개인차가 발생할 수 있어 정확한 색채 측정을 위해 분광광도계나 필터식 색채계를 이용하여 측정한다. 분광 광도계는 고정밀로 절대치 측정이 가능하기 때문에 색채의 좌표와 색채값을 측정하거나 색채관리, CCM(computer color matching) 등에서 사용이 가능하다.

❷ 측정

시료의 파장별 세기를 측정하여 색도 좌표를 산출하는 색채 측정 장비이다. 색채 측정은 최소 380~780nm 영역의 빛을 측정의 광원으로 하며 시료 측정의 관측 조건을 결정하는 광학 장치, 빛을 분광시키는 분광 광치, 빛을 분석하기 쉬운 신호로 변환시키는 광 검출기와 신호 처리 장치로 구성되어 있다. 명도를 의미하는 L value 수치가 증가할수록 피부톤이 개선되었음을 의미한다.

❸ 기기 : 분광광도계(Spectrophotometer, CM-2600D, Konica Minolta, Japan)

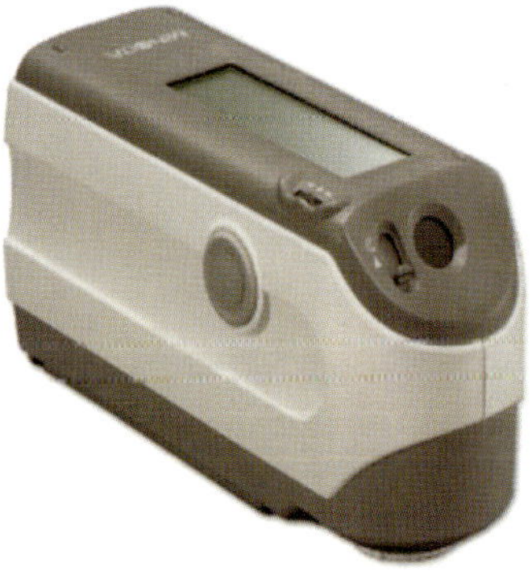

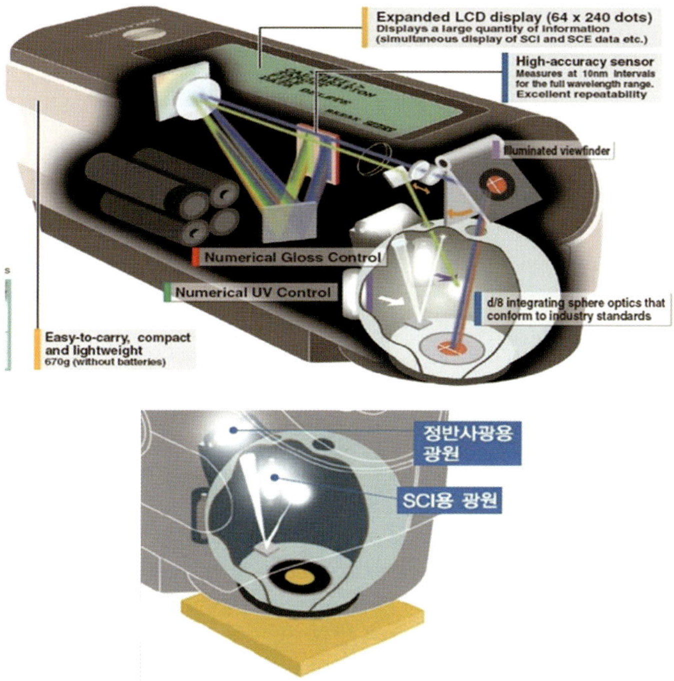

▲ Spectrophotometer 기기 내 · 외부 구성도

④ Spectrophotometer CM-2500d 측정 범위 특징

㉠ JIS Z 8722, DIN 5033 teil7, ISO 7724/1 ASTM E1164에 기준한 d/8(확산 조명, 8수광방식) 광학계를 채용

㉡ 측정경 : 8mm

㉢ 정반사광을 수광하는 SCI 방식과 정반사광을 제거한 SCE 방식의 전환 가능

㉣ 측정 파장 범위 : 360~740nm

㉤ 반사율 측정 범위 : 0~175%, resolution : 0.01%

㉥ 측정 파장 간격 : 10nm

• 색의 3속성

- 색상(hue) : 빛의 파장에 따라 우리의 감각기에 의해 인식되는 색의 종별을 말하며 색의 구별을 위한 명칭을 말하기도 한다.
- 명도(value/lightness) : 색상 간의 명암 정도와 색채의 밝기를 비교할 수 있는 척도를 가리킨다. 백색을 가할수록 명도가 높아지며 흑색을 가할수록 명도는 낮아진다. 명도의 기준 척도로 gray scale(무채색 스케일)을 사용한다.
- 채도(chroma/saturation) : 색의 순수한 정도나 강약을 나타내는 성질을 말한다.

02 chapter 피부 유분 · 수분 · pH 측정기

피부 표면의 유분 · 수분 · pH 측정을 통해 대상자 또는 고객의 정확한 피부유형, 피부유형에 대한 주관적인 판단과 객관적인 판단의 일치 정도를 파악할 수 있다. 측정값을 통해 대상자의 안면 부위별 상관성을 파악한다. 주의 사항으로 피부 표면 측정 시 수직으로 측정해야 하며, 털이 난 피부는 측정할 수 없으며, 측정부의 센서부를 깨끗하게 사용해야 한다.

01 / 피부 유분 측정기

❶ 원리

Sebumeter cassette의 특수한 반투명 지질흡수테이프를 피부에 부착한 후 묻어나오는 피지량을 광학적 반사원리(photometric reflection)로 측정하는 기기이다.

❷ 측정

특수한 반투명 지질흡수테이프를 피부에 접촉시킨 후 획득되는 피지량을 광학적 반사원리(photo metric reflection)로 단위면적당 유분량($\mu g/cm^2$)으로 측정한다. 측정값이 클수록 피부에 있는 피지량이 많음을 의미한다. Sebumeter의 장점은 피부 표면 보습 정도 혹은 수분량에 의해 영향을 받지 않고 유분 정도를 빠른 시간(30초)에 선택적으로 계측하는데 있으며 약물, 화장품에 관련된 많은 연구 결과들이 이를 입증하고 있다.

❸ 기기 : Sebumeter(SM815, Courage+Khazaka, Germany)

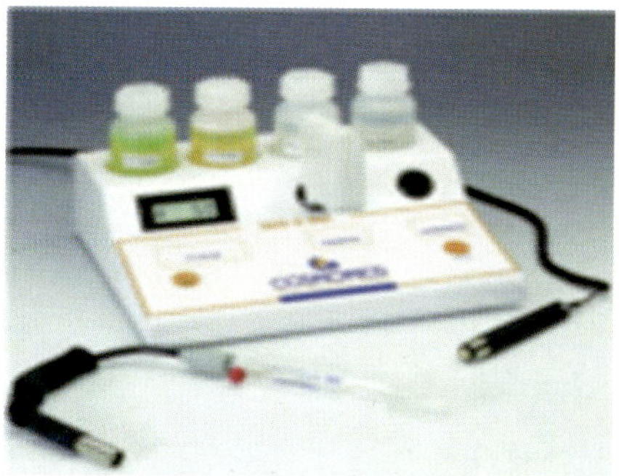

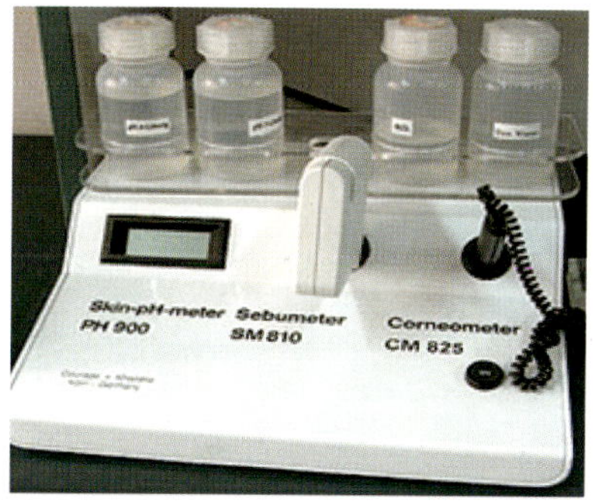

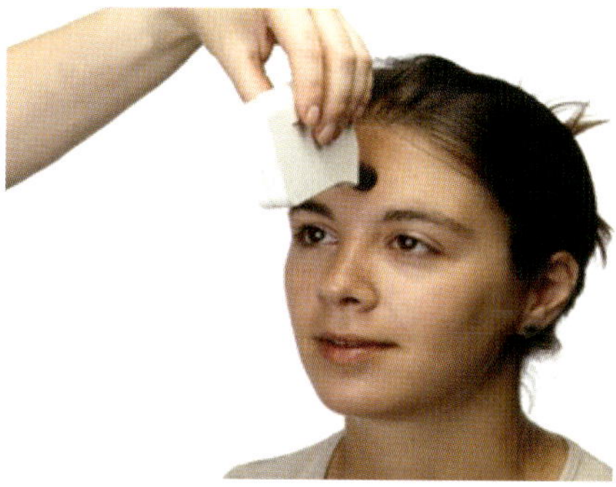

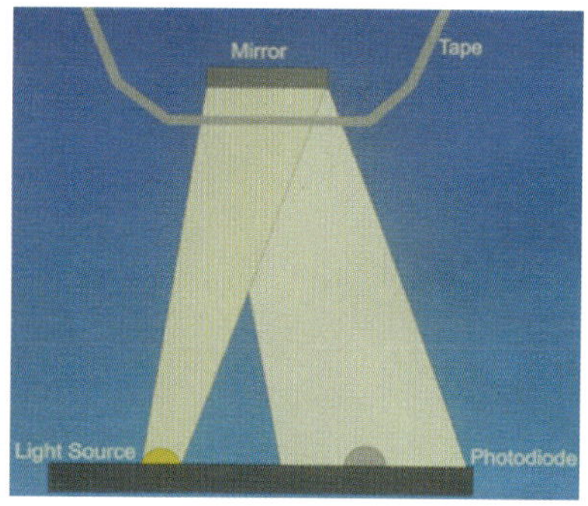

*** SCI 방식과 SCE 방식**

- SCI(specular component included) : 정반사광을 포함하는 방식으로 시료의 표면 상태의 영향이 적은 측정이 가능
- SCE(specular component excluded) : 정반사광을 제거하는 방식으로 육안에 가까운 측정 결과를 얻을 수 있음.

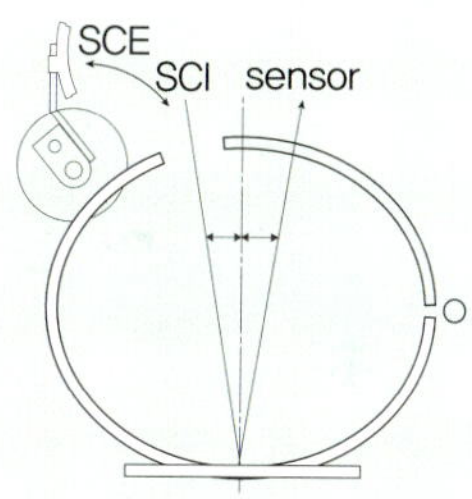

Mechanical driven gloss trap

❹ 유분 측정 결과 해석 예시

Measurement	Forehead, T-zone, Scalp	Cheek, Eyelid, Temple	Corner of the Mouth, Back, Nack	Hair	Arms, Hands, Legs, Elbows
Less Sebum	< 70	< 50	< 40	< 30	0 - 6
Normal	70 - 150	50 - 125	40 - 90	30 - 70	< 6
Oily	>150	< 125	< 90	< 70	---

02 / 피부 수분 측정기(corneometer)

❶ 원리

Corneometer는 피부 표면에 접촉하는 전극 간격을 통해 전도되는 미미한 전류의 정전부하 용량을 계측하여 작동한다. 수분의 함량과 정전부하 용량은 서로 비례하는 경향이 있어 피부의 보습도가 높을수록 측정되는 수치가 높아진다. 표면 각질층으로부터 하방 30~40μm 깊이 이내에 존재하는 수분 함량을 일정하게 측정하는 기능을 갖고 있어 기초적인 피부유형을 분석할 수 있는 측정도구이다.

❷ 측정

피부 수분은 Corneometer를 이용하여 얼굴 미간 정중앙 부위 등 측정기를 접촉하여 나타나는 수분 정도의 값을 기록한다. 측정단위는 기기에서 부여하는 임의의 단위 (Arbitrary unit, A.U.)로 표현하며, 피부 표면에 수분이 많을수록 수치는 상승한다.

❸ 기기 : Corneometer(CM 825, Courage+Khazaka, Germany)

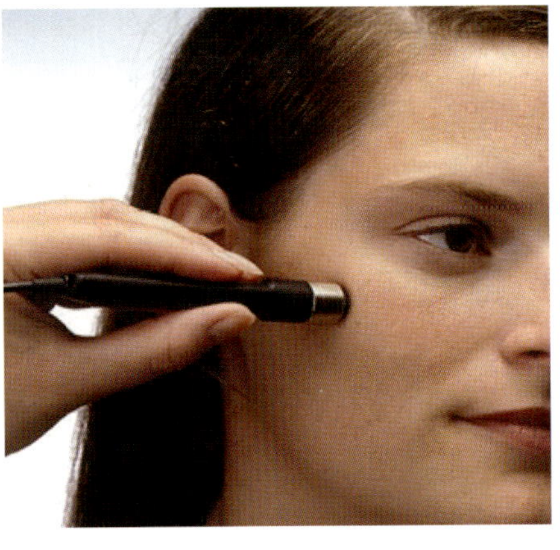

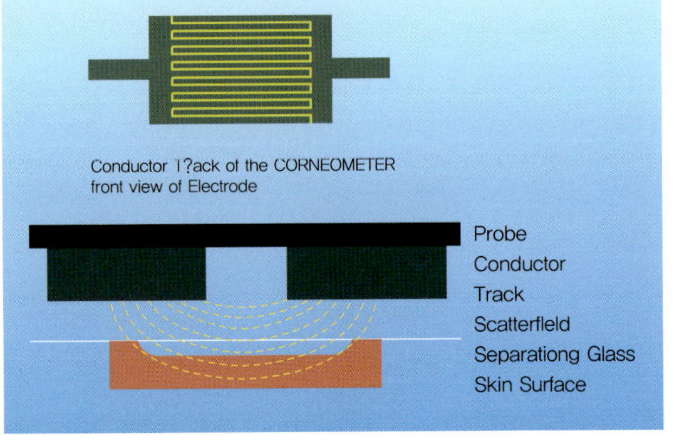

❹ 수분 측정 결과 해석 예시

Measurement		
Type	Forehead, T-zone, Scalp, Cheek, Eyelid, Temple, Corner of the Mouth, Back, Neck	Arms, hands, Legs, Elbows
Very Dry	< 30	< 15
Dry	30 – 49	15 – 29
Moisturized	50 – 59	30 – 39
Sufficiently Moisturized	> 60	> 40

03 / 피부 pH 측정기

❶ 원리

일반적인 피부의 pH는 4.5~5.5의 약산성으로 유지된다고 알려져 있다. 세정제의 사용 혹은 병적인 피부 손상에 따른 피부 산도의 변화를 실시간으로 측정할 수 있다. 세제의 사용이 필수적인 현대 생활에서 피부 산도는 사용하는 세제에 따라 많은 영향을 받으며 비누제품, 클렌저, 세정제들의 사용에 따른 피부 조건을 확인하고 관리하는 것은 피부미용관리 시스템에서 중요한 요소이다.

❷ 측정

pH probe를 피부 표면에 가볍게 접촉시켜 측정하며, 완충용액이 채워진 전극 끝을 이용하여 피부에 접촉시켜 소수점 이하 두 자리까지 측정한다.

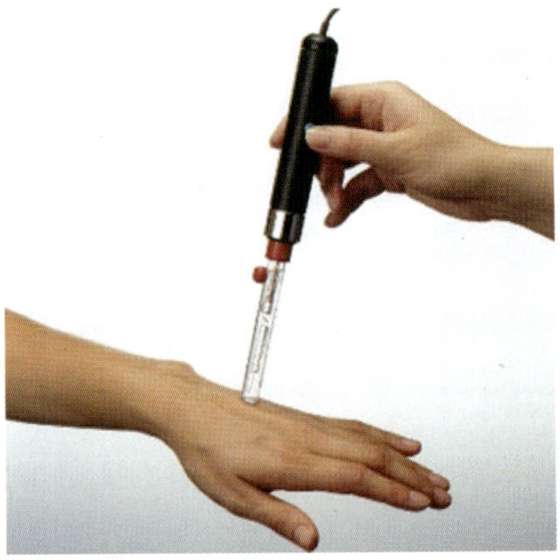

❸ 기기 : Skin pH-meter(pH 905, Courage+Khazaka, Germany)

❹ Skin pH-meter 측정 결과 해석 예시

pH value	〈 3.5	3.8	4.0	4.3	4.5	5.0	5.3	5.5	5.7	5.9	6.2	〉 6.5
Women	+ Acidic range-				Normal range				– Alkaline range +			
Men	+ Acidic range-				Normal range				– Alkaline range +			

03 chapter 피부 탄력 측정기

피부 노화와 관련되어 가장 흔하게 관찰할 수 있는 임상 특징 중 하나가 피부 탄력성의 변화이기 때문에 피부 탄력성은 피부 노화와 관련된 임상연구에서 중요한 주제이다. 피부 탄력 측정기는 피부의 탄력성 변화 정도를 측정하기 위해 사용하는 기기이다.

1. 피부 탄력 측정기

❶ 원리

피부 탄력 측정 원리는 음압을 이용하여 피부의 반복적인 수축과 이완작용의 평균값을 수치화시킨 것이다. 음압으로 일정 시간 동안 probe 속으로 피부가 들어간 뒤, 음압이 제거되면 피부 원래의 모습으로 돌아가는 원리를 이용한다.

❷ 측정

기기에 연결되어 있는 probe를 피부에 밀착시켜 비침습적 방법으로 측정한다. 측정단위는 임의의 단위(Arbitrary unit, A.U.)로 표현하며, 피부 표면 측정 시 일정하게 유지되는 보통 음압 450mbar, 흡입 시간은 10~15초, 반복 측정 횟수는 3회이다.

❸ **기기** : Cutometer(MPA 580, Courage+Khazaka, Germany),

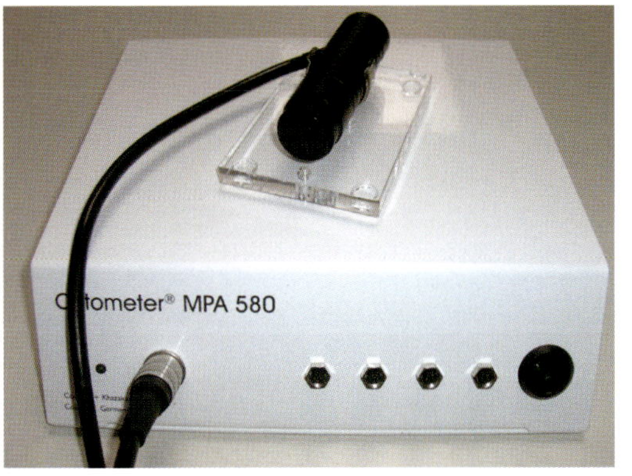

❹ **탄력 측정 결과 해석 예시**

SEP(skin elastic property)와 SRP(skin recovering property)의 지표로 나타낸다. 각 지표들의 의미는 SEP는 ua/uf로 넓이와 피부의 재변형 능력을 나타내며, 근사값이 1(100%)에 가까울수록 탄력성이 높음을 의미한다. SRP는 ur/uf로 완전한 커브에 비교되는 탄력도의 비율을 나타내며 근사값이 1(100%)에 가까울수록 탄력적인 피부 회복성을 의미한다.

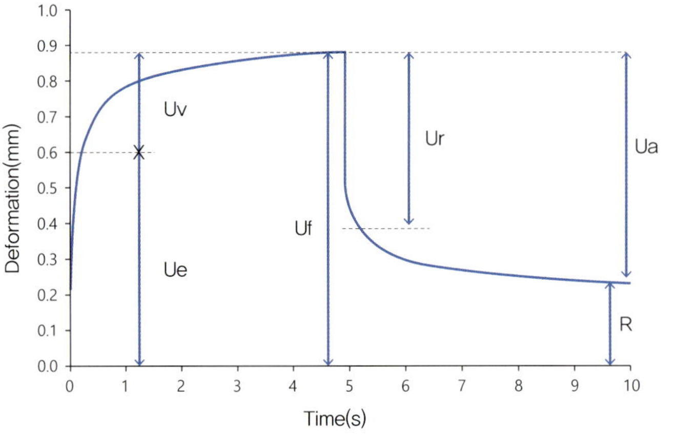

▲ The variables in Cutometer(Calculation of R-parameters from the different portions of the curve).

출처 : https://openi.nlm.nih.gov/detailedresult.php?img=PMC4078333_PM-10-392-g003&req=4)

04
chapter

피부의 거칠기 및 주름 측정기 (antera 3D)

Antera 3D는 피부의 거칠기, 피부 결 개선, 주름 등의 평가를 위해 주로 사용하며 세부적인 측정으로는 3차원 카메라로 피부의 색소 변화, 주름, 볼륨 변화(피부 늘어짐, 처짐을 의미), 거칠기, 전후 사진 비교, 모공 등을 측정하는 기기이다.

❶ 원리

Antera 3D는 외부 조명에 대한 완벽한 독립성으로 신뢰할 수 있는 측정을 보장한다. 다중 스펙트럼 기술과 피부 표면 3D mapping으로 색소침착 분석이 매우 정교하며 멜라닌과 헤모글로빈의 농도(색소)를 측정한다.

❷ 측정

Spot-On 자동매칭 기능으로 동일한 영역에서 비교 가능하다. 주름의 굵기, 깊이, 넓이, 길이, 피부 볼륨, 거칠기 등도 측정 가능하다. 측정된 사진의 Before & After 이미지 비교가 가능하며, Before & After 비교 값을 그래프로 나타난다.

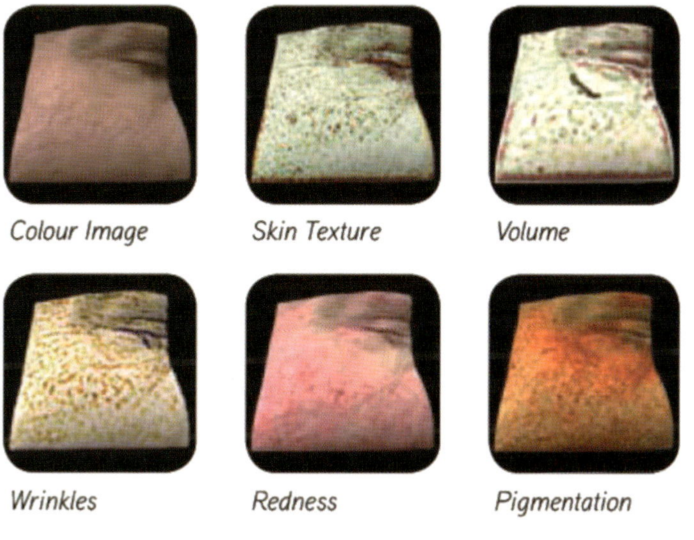

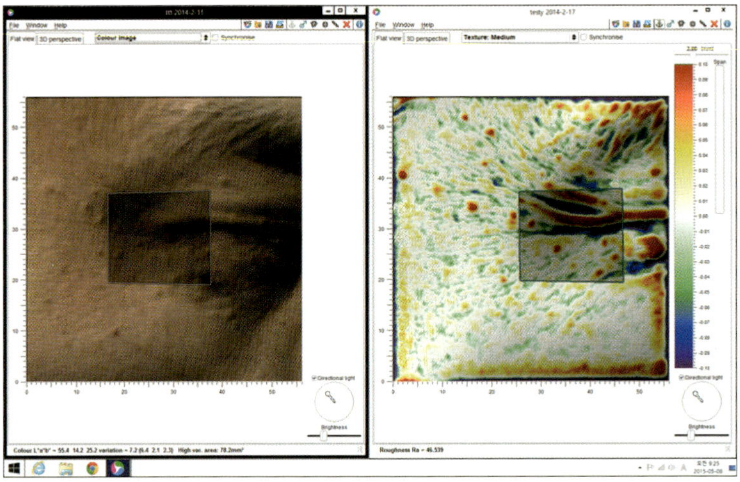

❸ **기기** : Antera 3D(Miravex, Ireland)

❹ **주의 사항**

측정 시 측정 부위를 피부에 밀착시킨 후 측정해야한다. 측정 공간의 조명으로 인하여 빛이 조금이라도 들어가면 정확도가 떨어진다.

05 chapter

피부 분석기

안면 피부의 특징을 비침습적으로 측정하여 재현성 높은 영상 분석 및 평가를 가능케 하여 실험 전후의 변화를 비교할 수 있게 하는 영상 분석 장치이다.

❶ 원리

영상획득 장치와 영상분석 컴퓨터 시스템 두 부분으로 구성되어 있어 주름, 색소, 피부색조, 모공 등에 대한 영상 정보를 얻어 곧바로 결과값을 산출한다. 분석된 모공, 블랙헤드 모공, 색소침착 등 각각의 병변들에 대한 세부적인 사항은 기기의 좌측 category를 이용함으로서 위치 및 분포도 등을 면밀히 확인 가능하다.

❷ 측정

얼굴의 정면, 좌측면, 우측면을 촬영하며, 촬영 기기 상부의 헤어가드로 높이를 조정하여 얼굴 크기를 맞추어야 한다. 헤어가드와 턱받침에 각각 이마의 끝과 턱이 딱 붙게 닿았는지 확인한다. 측정과 결과 화면까지는 총 10~15분 정도 소요된다. 촬영과 분석이 종료되면 모공, 색소침착, 눈꼬리 주름, 피부톤 등의 각종 병변들에 대한 종합적인 데이터를 확인할 수 있다.

❸ 분석된 자료의 해석기법 및 활용

	정 의
모공	0 ~ 215단계의 음영 및 0.1 ~ 0.6mm^2 사이즈의 음영
모공의 열림	0 ~ 215단계의 음영 및 0.3 ~ 0.6mm^2 사이즈의 음영
블랙헤드 모공	상기의 모공에 해당하는 것 가운데, 내부에서 0 ~ 40단계의 어두운 음영을 포함한 것
색소침착 1	0 ~ 145단계의 음영 및 0.6 ~ 1.2mm^2 사이즈의 음영
색소침착 2	0~145단계의 음영 및 1.2mm^2 이상의 사이즈의 음영
주름 수	눈 밑 12mm의 라인 위(눈머리부터 눈꼬리의 폭)에 있는 휘도(빛을 발하는)치에서 얻을 수 있는 잔주름 단면의 모서리의 수를 추출해 수를 계측
피부 톤 평가	좌우(하안 20mm, 종 5mm, 횡폭 : 눈 폭의 구형 부위)의 피부 톤

❹ 기기 – Robo Skin Analyzer (CS50, Inforward Inc, Japan)

❺ 주의 사항

동계나 하계 등 실내와 실외의 온도차가 큰 경우에는 측정 대상자가 입실 후 실내 환경에 적응해 얼굴의 혈색이 안정될 때까지 15분 정도 기다리고 나서 측정한다. 메이크업을 한 상태에서는 모공이나 피부톤의 측정에 대한 정확한 계측을 할 수가 없으므로 촬영 전에는 메이크업을 지우도록 한다.

❻ 측정 결과 예시

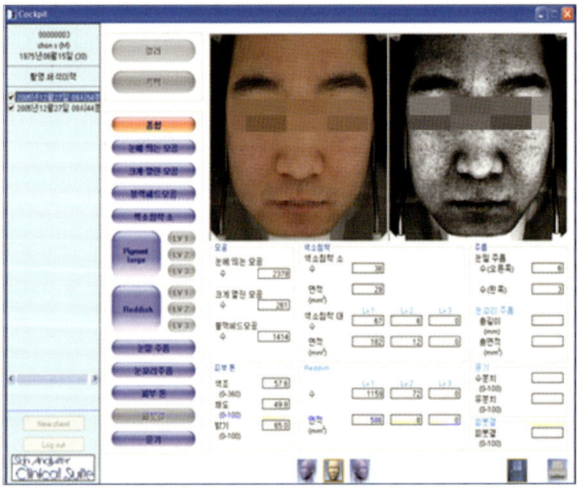

06 chapter 경표피 수분 손실량(trans epidermal water loss) 측정기

피부에 의한 수분의 이동을 경피 수분 손실이라 하며, 신체 내부에서 외부로 수분이 수동확산되는 과정에서 생기는 현상이다. 경피 수분 손실량(trans epidermal water loss, TEWL) 측정기는 피부 장벽 기능을 측정하는 방법으로 가장 많이 사용되고 있다.

❶ 원리

측정하는 방법은 unventilated chamber(closed chamber), ventilated chamber, (open chamber) 방법이 있으며, 전자의 두 가지 방법은 피부 표면 주의의 미세 환경에 영향을 줄 수 있기 때문에 현재는 open chamber system만이 사용되고 있다. open chamber system은 위 · 아래가 오픈된 방식으로 수분이 누적되지 않아 장시간 측정이 가능하지만 주변 온도나 습도에 따라 측정값이 달라지는 단점이 있으며, 밀폐된 항온 공간이 필요하며 센서 부분이 돌출되어 있어 오염에 취약하다. Closed chamber system은 Open chamber의 단점을 보완하여 윗면을 밀폐해 외부의 온도나 습도의 영향을 적게 받지만 증발되는 수분이 누적되어 측정되는 단점이 있으며, 이것도 open chamber와 마찬가지로 센서 부분이 돌출되어 있어 오염에 취약하다.

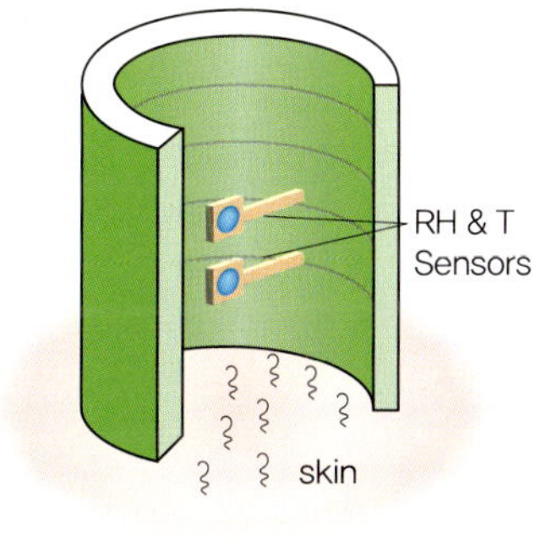

▲ open chamber system

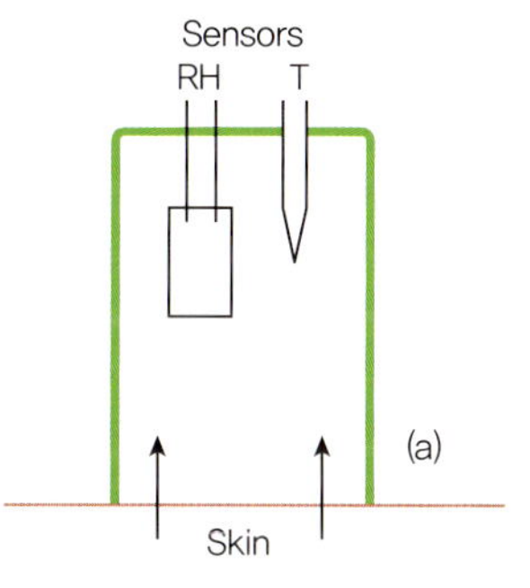

▲ Closed chamber system

• **측정 원리**

Fick's law

$J = k_m \times D \times d_c / d_x$

여기서, J = 물의흐름 d_x = 각질층을 통과한 거리

D = 확산계수 $\frac{d_c}{d_x}$ = 각질층 내의 물의 농도

d_c = 시간당 물의 농도

일정한 거리를 두고 두 probe 사이의 변화량을 측정하여 TEWL 측정

❷ 측정

Vapometer는 open chamber의 단점을 보완한 대표적인 기기라고 할 수 있으며, 비침습적 측정으로 매우 간편하고 유용하게 피부 장벽 기능을 측정한다. 피부표면으로부터 증발되는 수분의 양을 측정한 후 TEWL 수가 안정화되는 구간의 평균값으로 수치화 한다. 측정값이 낮을수록 피부 표면의 수분 손실량이 적음을 나타낸다. 측정으로 상대 습도 %와 온도를 표시하며, 독립형으로 사용이 가능하다.

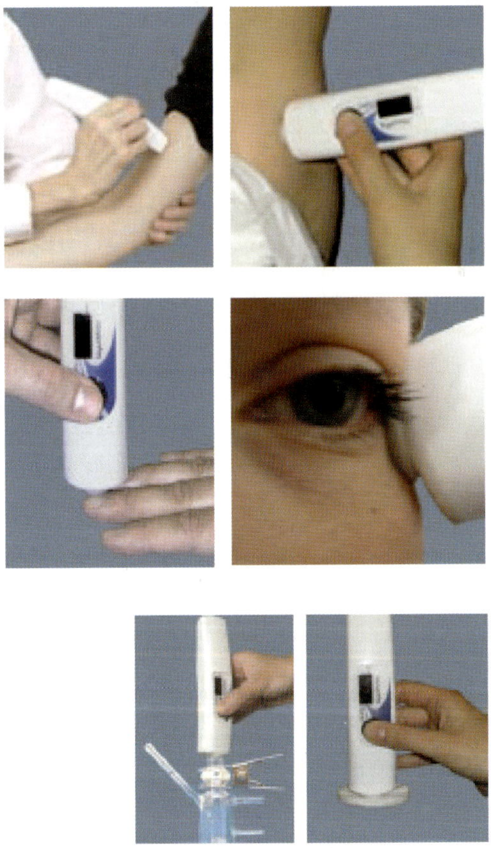

◦ 수분 증발 속도 계산 ◦

$$[\Delta M / (A \Delta t)] = g/m^2h$$

◦ 측정된 값의 정확도는 ±10% ◦

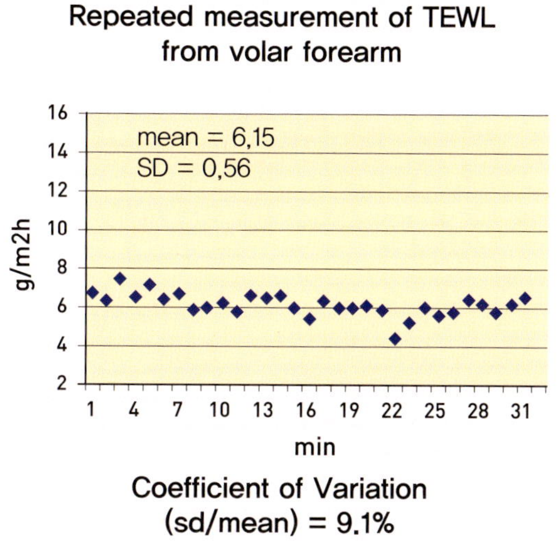

closed chamber 내 습도 센서

- 실내 습도가 증가한다.
- 수분증발률(g/m^2h)은 그래프의 기울기로 계산된다.

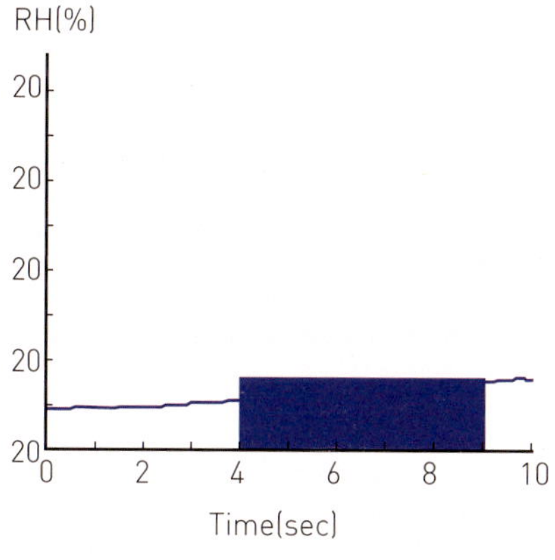

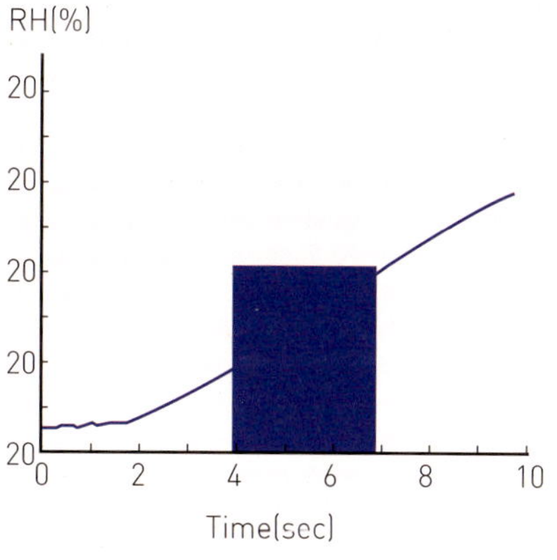

❸ **기기** : Vapometer(Delfin, Finland)

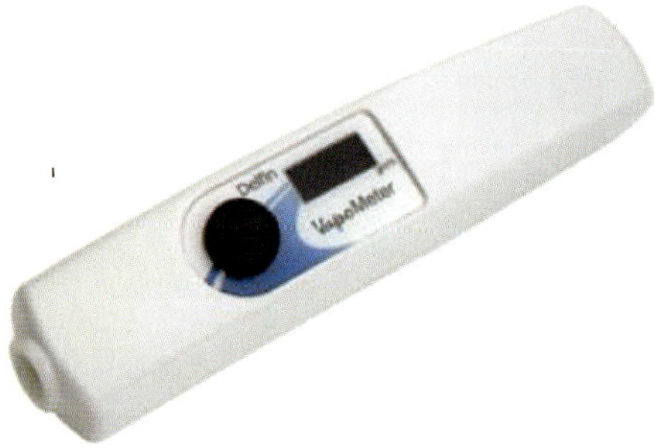

❹ **주의 사항**

외부 온도, 습도에 따라 데이터 값의 변동이 크기 때문에 동일한 외부 조건에서 측정해야 한다.

07 chapter 피부 표면 미생물 측정기

미생물의 전통적인 배양법으로는 1~2일 정도 배양해야 균수를 확인할 수 있지만, 미생물 측정기 ATP SWAB TEST를 이용하면 10초 만에 전자 측정으로 미생물 측정이 가능하다. 원래 ATP 표면 위생 검사 및 교차오염 방지, 식중독 예방, 조리기구의 위생 검사, 세척 살균 모니터링으로 실시간 오염 방지, 사고 예방, 실시간 Check&Action, 관공서 현장 지도 점검용으로 사용되었는데, 이를 응용하여 피부 표면 여드름 피부의 미생물 수를 검출한다. 측정이 간단하여 최근에는 아기 장난감, 지하철 의자, 공공장소 화장실, 휴대폰 등 폭넓게 사용되고 있다.

1. 미생물 측정기

❶ 원리

오염물질 검사의 지표인 ATP는 식품의 조리, 제조 가공에서 가열이나 발효 등에 의해 많은 양이 AMP로 분해된다. 분해된 AMP는 ATP 반응식에서 빛을 발생하지 못하기 때문에 식품 잔유물에 의한 오염물질 측정을 부정확하게 만든다.

Lucifac Pen(Swab test)은 분해된 AMP를 PPDK 효소로 ATP로 재합성하여 오염물의 정확한 양을 측정하는 원리이다.

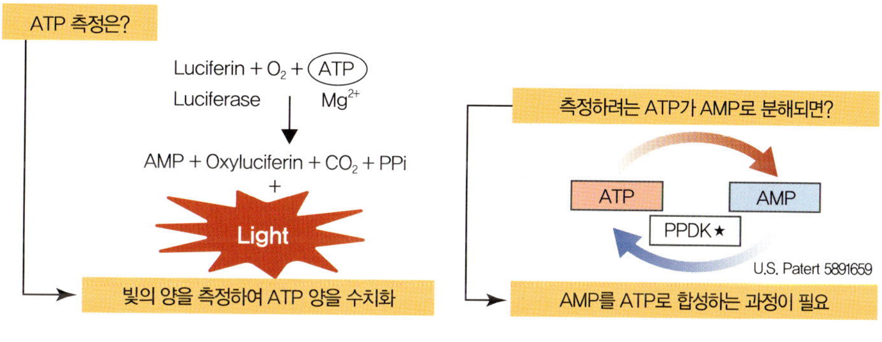

❷ 측정

Lucifac Pen(Swab test) 시약에서 면봉을 물에 살짝 묻힌 다음, 검사 표면을 Swab 한 후, 본체에 밀어 넣어 시약 중간 용액이 반응 튜브로 흘러내려 반응 튜브의 분말 시약과 잘 용해되도록 흔들어주면, 반응된 시약을 기기의 측정구에 넣고 가능한 한 60도 이상 기기를 세워서 측정한다. 측정 시간은 10초이며, 검사 표면의 오염도를 수치로 확인할 수 있고, 측정 단위는 RLU(Relative Light Unit)이다.

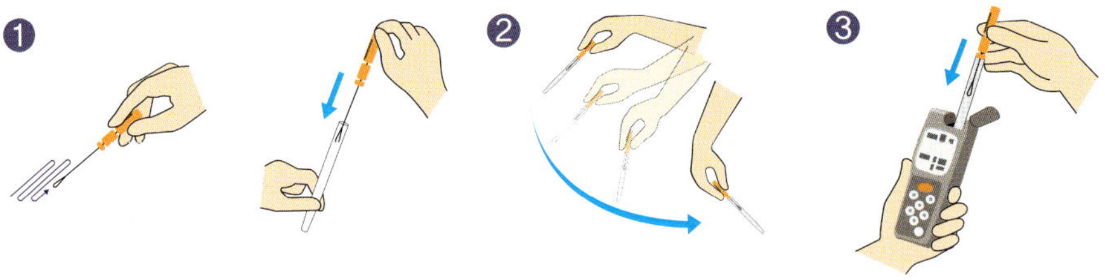

❸ 기기 : Lucifac W, Lumitester PD-10(BNF Korea)

❹ 미생물 측정 결과 해석 예시

미생물 측정 수치가 높을수록 높은 오염도를 나타낸다.

• ATP, AMP란?

- ATP(Adenosine Triphosphate, 아데노신 3인산)는 생명체의 물질대사에 포함된 에너지원
- AMP(Adenosine Monophosphate, 아데노신 1인산)는 가열, 발효와 같은 가공 공정에서 ATP로부터 생성됨.

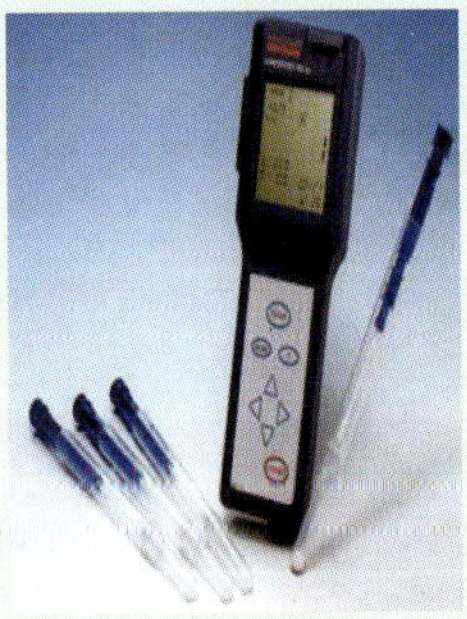

ATP

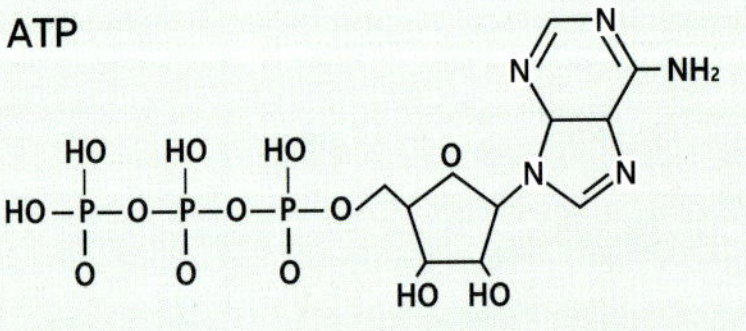

AMP

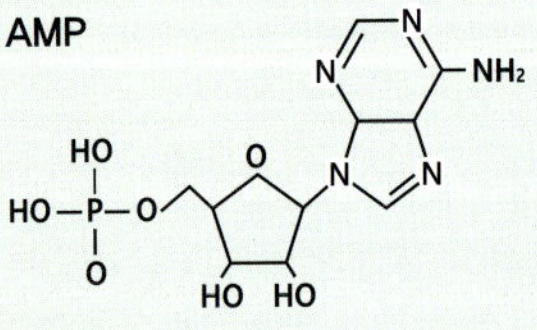

08 chapter

심전도(electrocardiography : ECG, EKG, 스트레스 진단) 측정기

생체 계측의 전체구성도이며, 신호 흐름은 왼쪽에서 오른쪽으로 진행한다. 크게 신호원 영역, 물리량 검출영역, 디지털 변환영역, 신호처리 영역, 의미해석 활용영역으로 구분되어 있다. 스트레스와 밀접하게 관련된 자율신경의 신경생리학적 지표들을 한 화면의 검사결과지로 출력해주는 스트레스 검사가 가능하다.

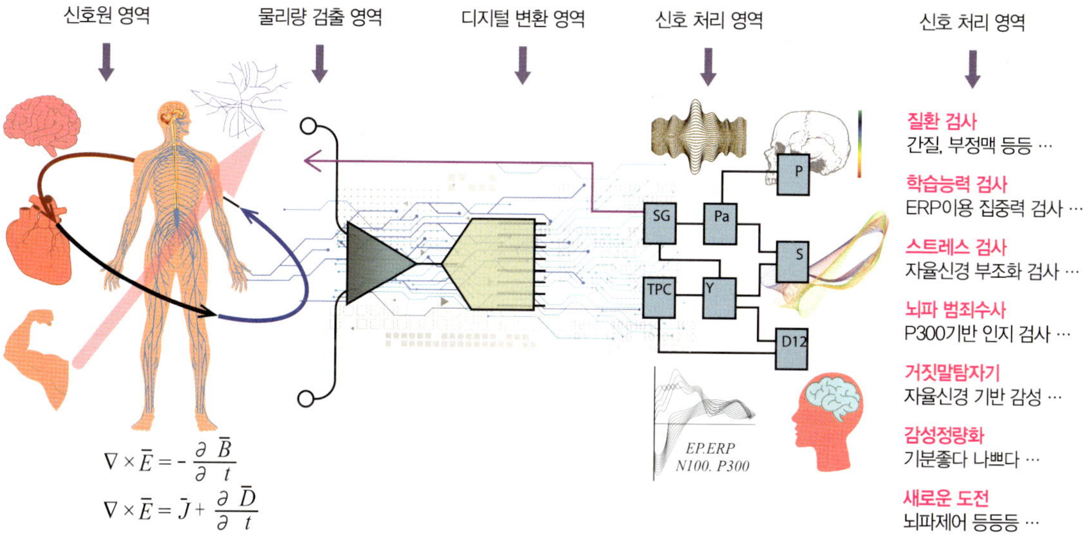

1. 심전도 측정기

❶ 원리

심장 박동 시 발생하는 전류의 크기와 방향의 변화를 그래프로 나타낸 것이다. 심장의 수축은 심장 내 전기적 활동에 의해 일어나며, 이러한 전기적 활동은 비록 미약하지만 체표면에서 포착하여 기록할 수 있다. 이와 같은 심장의 전기적 활동을 체표면에서 기록한 것을 심전도라 한다. 심전도가 현대의학에 중요한 위치를 차지하는 이유는 임상적 활용가치 때문이다.

출처 : http://www.laxtha.com/

❷ 측정

표준사지유도 3채널 심전도 측정으로 양팔목, 양발목에 전극을 부착하여 표준사지유도법에 의해 Lead Ⅰ, Ⅱ, Ⅲ 심전도 신호를 측정한다. 자율신경 안정화와 심신 이완을 목적으로 심박동수, 부교감/교감 활성도, RSA 지표 등을 이용한 생체 계측을 통해 객관적인 상태 변화를 실시간 관찰하면서 원하는 목표 수준에 빠르게 도달하도록 스스로를 효율적으로 조정할 수 있다.

❸ 기기 : QECG-3(LXC3203), Clip Electrode, Metal Spring, Color-Green, Yellow, Red, Black

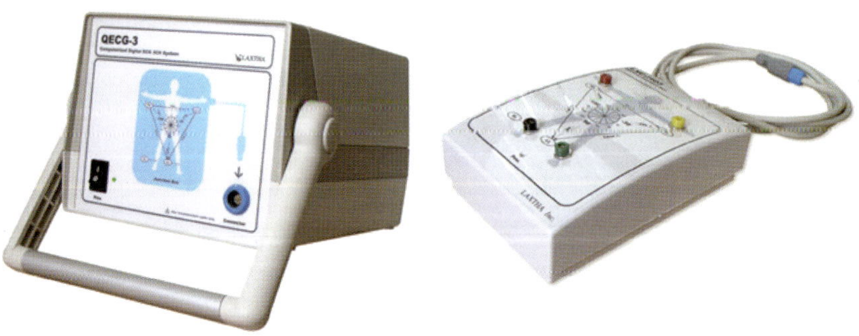

출처 : http://www.laxtha.com/

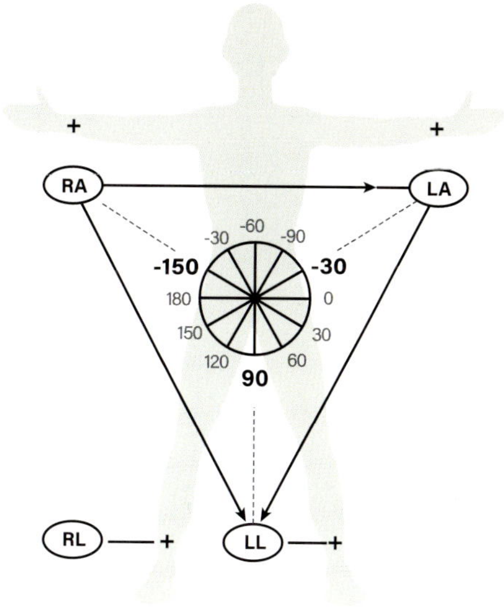

❹ 심전도(스트레스 진단) 측정 결과 해석 예시

심전도 신호 측정 후 R-R 피크 간격을 분석하여 부교감/교감 신경계 활성도, 스트레스 저항도, 자율신경계 발란스, 심기능 활성화도, 신체 흥분도, 급성 스트레스, 만성 스트레스로 진단 결과가 측정된다.

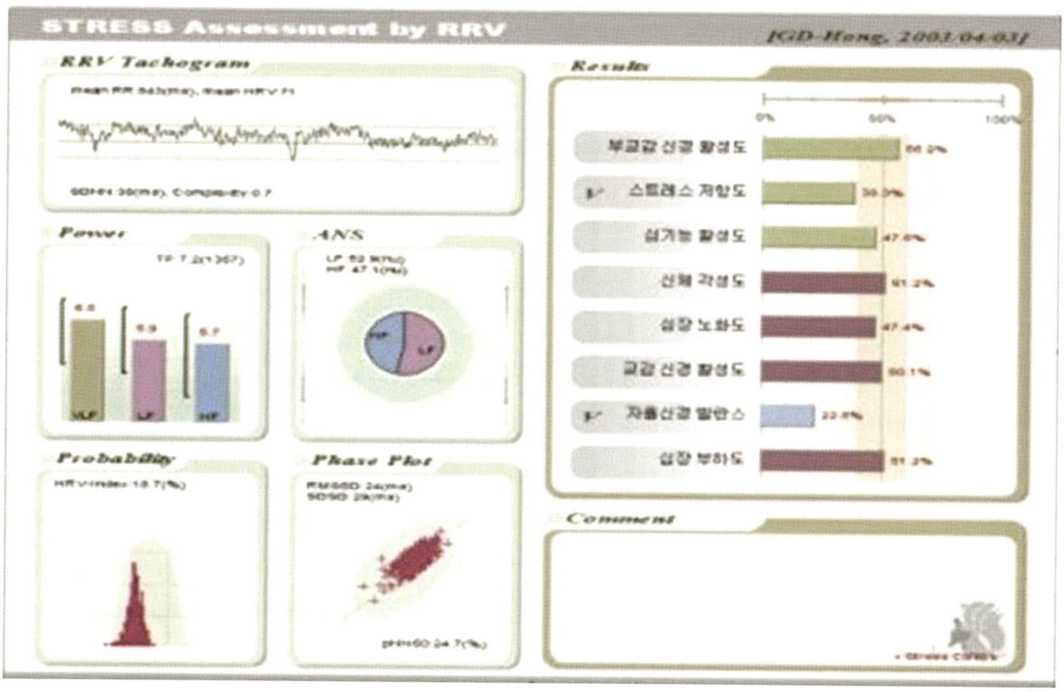

스트레스 진단 결과 화면 예시

09 chapter

홈케어 초음파 자극기

초음파는 인간이 들을 수 없을 정도로 빠르게 진동하는 음으로 진동수가 약 18,000Hz를 넘는 음파를 뜻한다. 근육 강화, 탄력성 증가, 조직 내의 영양공급 가속화, 주름, 기미, 여드름, 흉터, 셀룰라이트, 모세혈관 등 다양한 문제성 피부를 건강한 피부 상태로 유지할 수 있도록 도움을 준다.

10 chapter 개인용 저주파 자극기

1200Hz의 중주파 자극을 통해 부드럽고 환부 깊숙히 침투해 마사지하면서 근육통을 완화시켜주며, 네 개의 점착 패드를 장착할 수 있다.

◦ 효능 · 효과 ◦

근육을 자극하여 통증 치료 이외에 피부관리기로는 통상 사용하지 않지만, 근육이 반복적으로 수축과 이완을 반복하므로 비만 관리에는 어느 정도 효과가 있다.

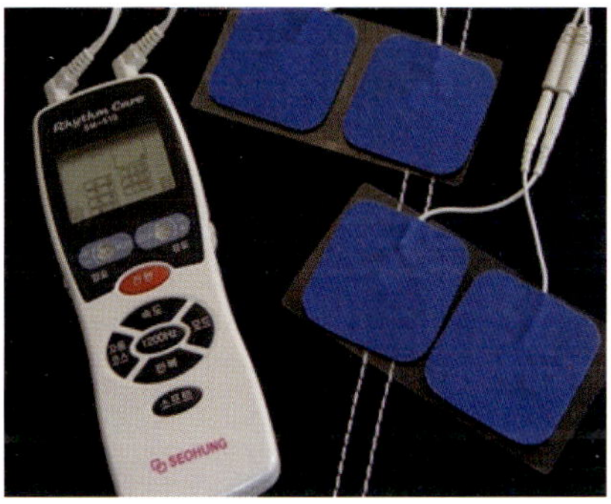

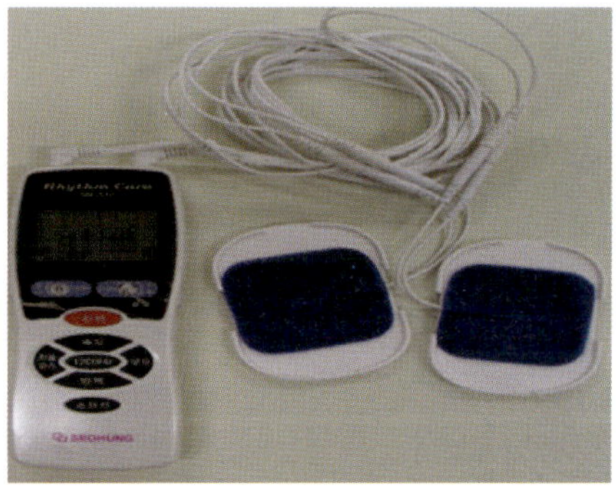

참고문헌

메디컬 스킨케어와 메디컬 서비스 코디네이터(2016), 구민사, 장혜진 외 3인

미용기기 실습서(2016), 구민사, 김유정 외 2인

미용기기학(2014), 구민사, 김유정 외 5인

피부미용기기 관리학(2012), 훈민사, 강신옥 외 2인

메디컬 에스테틱(2017), 메디시언, 김봉인 외 8인

비만 및 체형관리학(2016), 구민사, 이영미 외 3인

(강원형 박사의 레이저를 이용한) 안면 색소질환 치료(2013), 한솔의학서적, 강원형

피부미용기기관리학(2013), 정담미디어, 한영숙 외 4인

(피부미용을 위한) 레이저 치료(2006), 신흥메드싸이언스, 아쓰미 가즈히코, 김성욱·임이석 역

Vander's 인체생리학(2017), 라이프사이언스, Eric P. Widmaier, 강신성 역

인체생리학(2018), 바이오사이언스, Cindy L. Stanfield, 문자영 외 6인 역

인텍 http://www.intech.biz/

㈜에피젬

BNF코리아 http://www.bnfkorea.net/skin_mw2/

인바디 www.inbody.com

락싸 http://www.laxtha.com/

은성글로벌 http://esglobal.co.kr/

에스디엠메디컬 http://www.sdmnd.com/product/detail.html?product_no=109&cate_no=82&display_group=1

종합관리 미용기기 한스교역

http://www.ilovehans.co.kr/shop/shopdetail.html?branduid=944

색인

라

마

바

사

아

자

차

카

타

파

하